Interior Design
Reading this is enough

陈根
主编

吴迪
副主编

室内设计

看这本就够了 全彩升级版

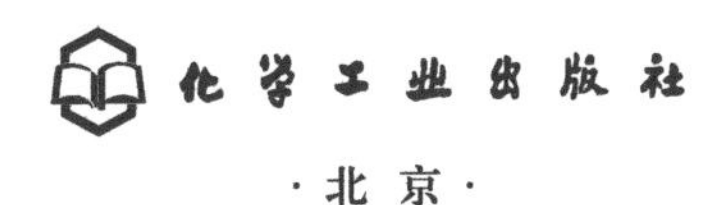

·北京·

本书紧扣当今室内设计学的热点、难点与重点，主要内容涵盖了广义室内设计所包括的室内设计概论、世界室内设计风格与流派、室内空间的形态设计、室内色彩设计、室内光环境设计、家具与室内陈设设计、室内装饰材料设计、室内绿化设计、人体工程学与环境心理、室内设计常见问题及当代室内设计新趋势共11个方面的内容，全面介绍了室内设计相关学科的相关知识和所需掌握的专业技能。同时各个章节中精选了很多与理论紧密相关的图片和案例，增加了内容的生动性、可读性和趣味性。可供从事室内设计等相关方面的人员以及相关专业的师生阅读使用。

图书在版编目（CIP）数据

室内设计看这本就够了：全彩升级版 / 陈根主编
. -- 北京：化学工业出版社，2019. 9（2025. 2重印）
ISBN 978-7-122-34907-1

Ⅰ. ①室… Ⅱ. ①陈… Ⅲ. ①室内装饰设计 Ⅳ.
①TU238. 2

中国版本图书馆 CIP 数据核字（2019）第 151225 号

责任编辑：王 烨 邢 涛 项 潋　　美术编辑：王晓宇
责任校对：王 静　　装帧设计：水长流文化

出版发行：化学工业出版社（北京市东城区青年湖南街 13 号 邮政编码 100011）
印 装：北京天宇星印刷厂
710mm × 1000mm 1/16 印张 13¼ 字数 260 千字 2025 年 2 月北京第 1 版第 6 次印刷

购书咨询：010-64518888 售后服务：010-64518899
网 址：http://www.cip.com.cn
凡购买本书，如有缺损质量问题，本社销售中心负责调换。

定 价：89.00 元

前言

消费是经济增长重要引擎，是中国发展巨大潜力所在。在稳增长的动力中，消费需求规模最大、和民生关系最直接。

供给侧改革和消费转型呼唤工匠精神，工匠精神催生消费动力，消费动力助力企业成长，两者相辅相成，不可分割。中国经济正处于转型升级的关键阶段，涵养中国的现代制造文明，提炼中国制造的文化精髓，将促进我国制造业实现由大国向强国的转变。

而设计是什么呢？我们常常把“设计”两个字挂在嘴边，比如说那套房子装修得不错、这个网站的设计很有趣、那张椅子的设计真好、那栋建筑好另类……设计俨然已成日常生活中常见的名词了。2015 年 10 月，国际工业设计协会（ICSID）在韩国召开第 29 届年度代表大会，沿用近 60 年的“国际工业设计协会（ICSID）”正式改名为“国际设计组织”（WDO，World Design Organization），会上还发布了设计的最新定义。新的定义如下：设计旨在引导创新、促发商业成功及提供更好质量的生活，是一种将策略性解决问题的过程应用于产品、系统、服务及体验的设计活动。它是一种跨学科的专业，将创新、技术、商业、研究及消费者紧密联系在一起，共同进行创造性活动，并将需解决的问题、提出的解决方案进行可视化，重新解构问题，并将其作为建立更好的产品、系统、服务、体验或商业网络的机会，提供新的价值以及竞争优势。设计是通过其输出物对社会、经济、环境及伦理方面问题的回应，旨在创造一个更好的世界。

由此我们可以理解，设计体现了人与物的关系。设计是人类本能的体现，是人类审美意识的驱动，是人类进步与科技发展的产物，是人类生活质量的保证，是人类文明进步的标志。

设计的本质在于创新，创新则不可缺少工匠精神。本系列图书基于“供给侧改革”与“工匠精神”这对时代热搜词，洞悉该背景下的诸多设计领域新的价值主张，立足创新思维而出版，包括了《工业设计看这本就够了》《平面设计看这本就够了》《家具设计看这本就够了》《商业空间设计看这本就够了》《网店设计看这本就够了》《环境艺术设计看这本就够了》《建筑设计看这本就够了》《室内设计看这本就够了》共 8 个分册。

本系列图书第一版出版已有两三年的时间，近几年随着供给侧改革的不断深入，商业环境和模式、设计认知和技术也以前所未有的速度不断演化和更新，尤其是一些新的中小企业凭借设计创新而异军突起，为设计知识学习带来了更新鲜、更丰富的实践案例。

本次修订升级，一是对内容体系进一步梳理，全面精简、重点突出；二是，在知识点和案例的结合上，更加优化案例的选取，增强两者的贴合性，让案例真正起到辅助学习知识点的作用；三是增加了近几年有代表性的商业案例，突出新商业、新零售、新技术，删除年代久远、陈旧落后的技术和案例。

本书内容涵盖了室内设计的多个重要流程，在许多方面提出了创新性的观点，可以帮助从业人员更深刻地了解室内设计这门专业；帮助提升室内装修、设计与开发企业的竞争力；指导和帮助欲进入室内设计行业者提升产业认识和专业知识技能。另外，本书从实际出发，列举众多案例对理论进行通俗形象地解析，因此，还可作为高校学习室内设计、室内设计管理、环艺设计、建筑设计、商业设计等方面师生的教材和参考书。

本书由陈根主编，吴迪副主编，周美丽、李子慧参编。其中陈根编写第 1 章～第 4 章，周口师范学院吴迪编写第 5 ～第 10 章，周美丽、李子慧编写第 11 章。陈道利、朱芋锭、陈道双、陈小琴、高阿琴、陈银开、向玉花、李文华、龚佳器、陈逸颖、卢德建、林贻慧、黄连环、石学岗、杨艳为本书的编写提供了帮助，在此一并表示感谢。

由于我们水平及时间所限，书中不妥之处，敬请广大读者及专家批评指正。

编者

CONTENTS 目录

01 室内设计概论

02 世界室内设计风格与流派

03 室内空间的形态设计

04 室内色彩设计

05 室内光环境设计

06 家具与室内陈设设计

07 室内装饰材料设计

08 室内绿化设计

09 人体工程学与环境心理

10 室内设计常见问题

11 当代室内设计的新趋势

01 室内设计概论

1.1 设计与室内设计概念

1.1.1 设计

设计（Design）是连接精神文化与物质文明的桥梁，人类寄希望于通过设计改善人类自身的生存环境。

设计的定义，各类辞典有许多不同的解释，大致可与以下词汇相关联：意匠、计划、草图、图样、素描，结构、构想、样本等。

因此可以说，设计是人的思考过程，是一种构想、计划，并通过实施，最终以满足人类的需求为终止目标。

设计为人服务，在满足人的生活需求的同时又规定并改变人的活动行为和生活方式，以及启发人的思维方式，体现在人类生活的各个方面。

在人类社会发展的不同历史时期，设计具有不同的使命与方向。古代社会，设计主要为神而存在，在漫长的中世纪，设计则是以为宗教和帝王贵族服务为主要宗旨。然而，近代以来，人类经历了工业革命和发展工业化大生产的过程，过量工业化的代价正在瓦解着人类赖以生存的基础。由现代文明所造成的环境污染和生态危机逼迫人们不得不回到人类最起码的“生存”这一根本的保守性立场上来。为了人类生存与改善现状，人们寄希望于“设计”，通过设计从宏观上改善环境，创造一个精神充实且具有商业文化价值的社会环境。可以说，这是后工业化时代，人们对设计的真正使命和作用的殷切希望和期待。“设计”作为连接精神文化和物质文明的桥梁，在改善人类生存环境、创造理想的社会环境过程中将发挥重要作用。因此，“设计”在现代和未来将走向城市与民众，它必将与人类生活紧密结合。毋庸置疑，“改善环境”“创造环境”将成为21世纪全球范围内人类文化活动的重点。

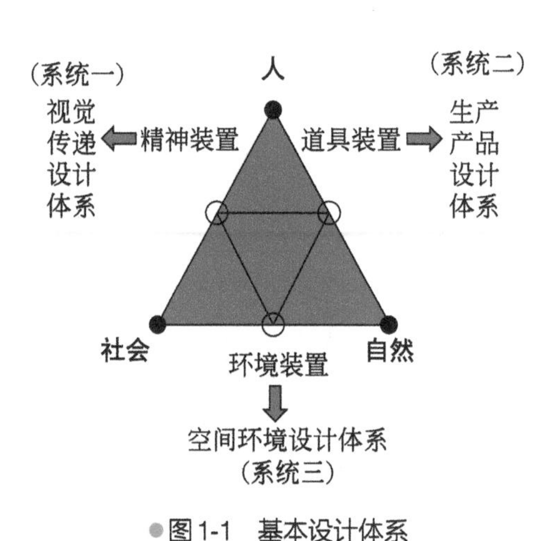

图1-1　基本设计体系

关于宏观上的设计分类，历来有过多种尝试，但是，若将构成世界之三大要素：“自然—人—社会”作为设计体系分类之坐标点，便可由此科学地建立起相应的基本设计体系，如图1-1所示。

设计的三大体系是紧密相连的，但在以上三大设计体系之中，由于近代以来人与生存空间的矛盾已发展到了人类忍耐的最大极限的边缘，因此，通过空间环境设计改善人类生存条件就成为三大设计体系中最为根本、最为宏观、最为紧要的方面了。系统一的视觉传递设计是维系社会这个大环境的人与人、人与社会的意志疏通和情报、信息交流装置的设计。系统二的生产产品设计，确切地说，就是环境装置及生活用品设计。系统三的空间环境设计包括了城市及地区规划设计，建筑设计，园林、广场设计，雕塑、壁画等环境艺术作品设计和室内设计。环境艺术设计是以上各类艺术的整合设计。室内设计是为了满足人们生活、工作的物质要求和精神要求所进行的理想的内部环境设计，是空间环境设计系统中与人的关系最为直接、最为密切和最为重要的方面。如图1-2所示为现代环境艺术构成。

1.1.2 室内设计

室内设计是根据建筑物的使用性质、所处环境和相应标准，运用物质技术手段和建筑设计原理，创造功能合理、舒适优美、满足人们物质和精神生活需要的室内环境。这一空间环境既具有使用价值，满足相应的功能要求，同时也反映了历史文脉、建筑风格、环境气氛等精神因素。明确地把“创造满足人们物质和精神生活需要的室内环境”作为室内设计的目的。

现代室内设计作为一门新兴的学科，尽管还只是近数十年的事，但是人们有意识地对自己生活、生产活动的室内进行安排布置，甚至美化装饰，却早已从人类文明伊始的时期就已存在。自建筑的开始，室内的发展即同时产生，所以研究室内设计史就是研究建筑史。

室内设计是指为满足一定的建造目的（包括人们对它的使用功能的要求、对它的视觉感受的要求）而进行的准备工作，对现有的建筑物内部空间进行深加工的增值准备工作。目的是为了让具体的物质材料在技术、经济等方面，在可行性的有限条件下形成能够成为合格产品的准备工作。它需要工程技术上的知识，也需要艺术上的理论和技能。室内设计是从建筑设计中的装饰部分演变出来的，它是对建筑物内部环境的再创造。室内设计可以分为公共建筑空间设计和居家设计两大类别。当我们提到室内设计时，会提到的还有动线、空间、色彩、照明、功能，等等相关的重要术语。室内设计泛指能够实际在室内建立的任何相关物件，包括：墙、窗户、窗帘、门、表面处理、材质、灯光、空调、水电、环境控制系统、视听设备、家具与装饰品等。

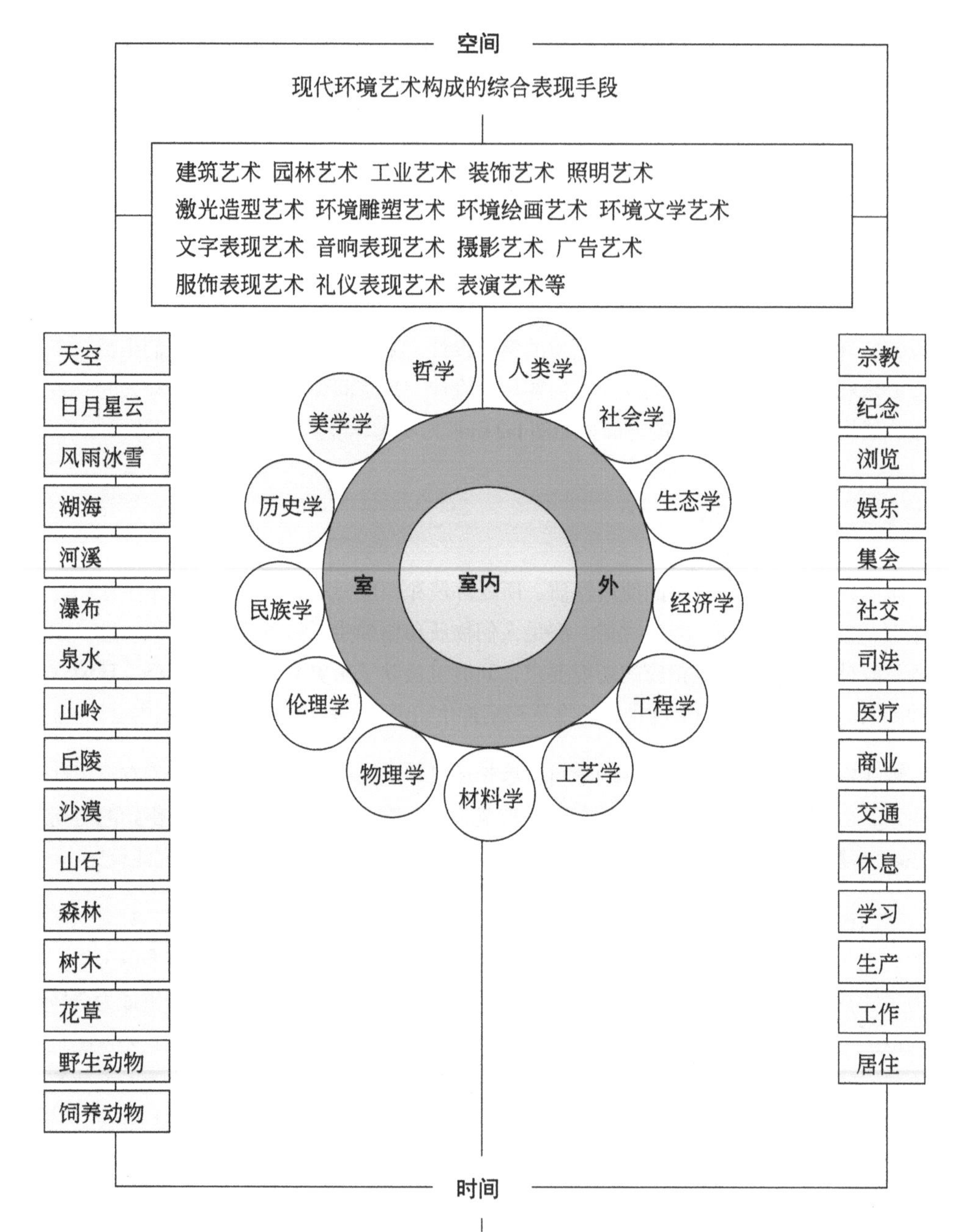

图1-2　现代环境艺术构成

1.2 室内设计的要素

构成空间的部位及所用的材料统称为要素。室内设计中的要素大致可分为空间要素、调整要素和设备要素。

1.2.1 空间要素

构成建筑空间的要素，包括地面、墙壁、天花板等。这个要素确定了空间的大小。

空间部位（地面、墙壁、天花板）确定了空间的宽度、形状，且对动线、配置等会有影响。在新建房屋或改建的情况下，有必要从符合生活行为出发来预想空间要素。改装是指以内部的变更为主，更换固定要素和可动装备。

1.2.2 调整要素

空间要素中位置固定的物品，是根据空间的使用目的、实用性来确定的，有局限性的要素，不能轻易拆卸。

（1）表面材料

覆盖地面、墙壁、天花板的材料，无论是哪种，都应该先考虑今后的维护，再进行选材。此外，还要重视地面的触感，墙壁的颜色、花样、质地等视觉要素。

（2）窗户材料、门窗

要考虑如下三点：从窗户看窗外的风景以及采光；功能；维修。

（3）建筑材料（边缘线、压边、门框）

要考虑如下两点。

① 衔接处——墙壁和天花板的衔接，室内设计的具体处理。
② 色彩、形状。

（4）机器设备

机器设备由配管配线（接室内的）和终端（接室外的）等构成。要注意：

① 放置在室内的物品不要太吸引眼球，要注意放置位置及其颜色、形状；
② 初期费用和运行费用；
③ 维修及设备的寿命。

（5）照明设备

要考虑如下两点。

① 将配线、插座、开关、照明器具等作为一体来进行规划。
② 可以用埋入式（插座、开关直接嵌入墙壁）安装方式，但要与家具配套考虑。

1.2.3 设备要素

设备应具备提高空间的利用率，使空间的功能更加有效且能带来良好气氛的功用，可自由拆卸，不受施工的限制，是可移动的要素。

空间的使用目的、动线都会受到家具的影响。

要考虑如下两点。

① 配置：空间的实用性、动线的位置。
② 设计：表现空间气氛。

（1）窗口

要考虑如下两点。

① 功能性：保温、遮光、控制光线、隔声效果。
② 装饰性：表现出窗户的特点。

（2）铺设物

在此是指像地毯、脚垫等物品。要考虑如下两点。

① 功能性：手感、弹性。
② 装饰性：与地面材料的协调性。

（3）照明器具

① 设计：因与家具的关联较强，要统一于家具的设计中。
② 配置：配线等与电气设备紧密连接，所以最好与家具的配置一起考虑，这样不仅便于使用且效果更好。

（4）装饰物（艺术品、绘画、绿色植物等）

装饰物可增添气氛。与功能性相比，其装饰性更强，有作为调节情绪的“调味品”。

1.3 室内设计的依据

现代室内设计在环境为源、重视生态平衡、可持续发展的前提下，考虑问题的出发点和目的都是为人服务，满足人们生活、生产活动的需要，为人们创造理想的室内空间环境，使人们感到生活在其中，受到关怀和尊重。一经确定的室内空间环境，同样也能启发、引导甚至在一定程度上影响和改变人们活动于其间的生活方式和行为模式。

为了创造一个理想的室内空间环境，我们必须了解室内设计的依据。

室内设计既然是作为环境设计系列中的一“环”，那么它事先必须对所在建筑物的周边环境功能特点、设计意图、结构构成、设施设备等情况充分掌握，进而对建筑物所在地区的室外自然和人工条件、人文景观、地域文化等也有所了解。例如，同样设计旅馆，建筑外观和室内环境的造型风格，显然建在北京、上海的市区内和建在广西桂林和海南三亚的江河海岸边理应有所不同，同样是大城市内，北京和上海又会由于气候条件、周边环境、人文景观的不同，建筑外观和室内设计也会有所差别，这也许就是“从外到里”“从里到外”，具体地说，室内设计主要有以下各项依据。

（1）人体尺度以及人们在室内停留、活动、交往、通行时的空间范围

首先是人体的尺度和动作域所需的尺寸和空间范围，人们交往时符合心理要求的人际距离，以及人们在室内通行时，各处有形无形的通道宽度。

人体的尺度，即人体在室内完成各种动作时的活动范围，是我们确定室内诸如门扇的高宽度、踏步的高宽度、窗台阳台的高度、家具的尺寸及其相间距离，以及楼梯平台、室内净高等的最小高度的基本依据。涉及人们在不同性质的室内空间中，从人们的心理感受考虑，还要顾及满足人们心理感受需求的最佳空间范围，主要包括以下几方面。

① 静态尺度（人体尺度）。
② 动态活动范围（人体动作域与活动范围）。
③ 心理需求范围（人际距离、领域性等）。

（2）家具、灯具、设备、陈设等的尺寸以及使用、安置它们时所需的空间范围

室内空间里，除了人的活动外，主要占有空间的内含物即是家具、灯具、设备（指设置于室内的空调器、热水器、散热器、排风机等）、陈设之类；在有的室内环境里，如宾馆的门厅、高雅的餐厅等，室内绿化和水石小品等的所占空间尺寸，也应成为组织和分隔室内空间的依据条件（图1-3、图1-4）。

●图1-3　家具所占室内空间

●图1-4　绿化与水石小品所占室内空间

对于灯具、空调设备、卫生洁具等，除了有本身的尺寸以及使用、安置时必需的空间范围之外，值得注意的是，此类设备、设施，由于在建筑物的土建设计与施工时，对管网布线等都已有一个整体布置，室内设计时应尽可能在它们的接口处予以连接、协调。诚然，对于出风口、灯具位置等从室内使用合理和造型等要求，适当在接口上做些调整也是允许的。

（3）室内空间的结构构成、构件尺寸，设施管线等的尺寸和制约条件

室内空间的结构体系、柱网的开间间距、楼面的板厚梁高、风管的断面尺寸以及水电管线的走向和铺设要求等，都是组织室内空间时必须考虑的。有些设施内容，如风管的断面尺寸、水管的走向等，在与有关工种的协商下可作调整，但仍然是必要的依据条件和制约因素。例如集中空调的风管通常在梁板底下设置，计算机房的各种电缆管线常铺设在架空地板内，室内空间的竖向尺寸，就必须考虑这些因素（图1-5）。

●图1-5　结构构件、设施管线所占空间范围

（4）符合设计环境要求、可供选用的装饰材料和可行的施工工艺

由设计设想变成现实，必须动用可供选用的地面、墙面、顶棚等各个界面的装饰材料，装饰材料的选用，必须提供实物样品，因为同一名称的石材、木材也还有纹样、质量的差别；采用现实可行的施工工艺，这些依据条件必须在

设计开始时就考虑到，以保证设计图的实施。

（5）行业已确定的投资限额和建设标准，以及设计任务要求的工程施工期限

具体而又明确的经济和时间概念，是一切现代设计工程的重要前提。

室内设计与建筑设计的不同之处，在于同样一个旅馆的大堂，相对而言，不同方案的土建单方造价比较接近，而不同建设标准的室内装修，可以相差几倍甚至十多倍。例如一般社会旅馆大堂的室内装修费用每平方米造价1000元左右足够，而五星级宾馆大堂的每平方米造价可以高达8000 ~ 10000元（例如上海新亚-汤臣五星级宾馆大堂方案阶段的装修每平方米造价为1200美元）。可见对室内设计来说，投资限额与建设标准是室内设计必要的依据因素。同时，不同的工程施工期限，将导致室内设计中不同的装饰材料安装工艺以及界面设计处理手法。

1.4 室内设计的原则

设计师需要经常不断地建立多种设计方案。如果设计评估中存在“这部分很好，但是其他的不好”这样的感觉，就一定会失败。

因此，一定要注意，设计方案必须要满足下述五个条件：空间性、功能性、创造性、经济性和技术性。只有这五个条件达到平衡，才能够成功塑造“住宅”的整体空间。

1.4.1 空间性

空间性是指物品的尺寸及空间的关系、动线（物品、人和空间的关系）等。在考虑空间时，最基本的是要掌握空间所特有的“意义”和“目的”。

（1）意义——为什么是这样的空间

建筑师很重视空间。空间给予人宽度、广度及色彩感，建筑师就是要建造出能发挥这些功能的住宅。所以，在室内设计时，对于各个部位，都有必要去感受建筑师是根据什么来建造的。为何是通顶设计？为何在这会有二层？为何这个位置会有固定框格窗？在这种意义上，设计师必须要懂得“建筑”。

（2）目的——在此做什么

每个空间一定会有其建造的目的。不仅是建筑师建造的房屋，简易住宅或高级公寓也同

样有目的性，即这个空间是用来做什么的？娱乐、放松、吃饭、睡觉，还是工作？把这些基本的行为附加上后，可以使各个空间的目的性更加明确。材料、色彩、形状都必须能够表现出这些空间的目的性。从相反的角度看，如果没有明确的目的性，那么这样的表现也就无可非议了。虽然不算是失败之作，但也只能成为毫无特征的平凡作品。

1.4.2 功能性

功能性主要表现在隔声、保湿、维修方便等方面，设计师有必要在住宅的每个部分都将这些因素考虑齐全，尤其是厨房、设备间、卫生间等作业空间占相当大比重的空间。因为功能性直接影响作业效率，所以这些空间越是狭小，对功能性的要求就越高。

功能，分为空间功能和物品功能。前者包括隔声、保湿、维修方便等，后者包括各种各样的机器设备。无论哪种功能都需要掌握其内容，这就像如果不知道做菜时需要哪些设备，那么就无法做出美味的食物一样。

如今，像“哪种生活方式的人适合哪种厨房”这类问题，还没有被系统化地考虑到。制造厂商也经常以“按生活方式分类的商品”等进行宣传，但这种表述非常概括或非常概念化，还不完全符合购买需求。所以，设计应充分考虑生活行为及功能的系统化，在今后将体系一点点做成。

1.4.3 经济性

由于空间等级的不同，会在费用支出上有所不同，只能根据预算进行考虑。

尤其是在有关设备的问题上，还是希望经过严谨的计算、推敲初期费用和运行费用后再制订计划。运行费用包括电费、燃料费等，维修费也包括在内。如果舍不得拿出更多的初期费用，就有可能会在后期的运行费用上有很大的开销，当然相反的情况也有。所以有必要好好考虑建筑的使用年限，然后根据需要和目的制定预算。

1.4.4 创造性

创造性是指利用不同色彩、形式、风格、材质的组合，制作出室内设计的户型布置图。

（1）把表现个性的美作为前提

功能性确实很重要，但是设计如果仅停留在“方便、便宜、结实”的层面上也很偏激。

只有在重视“表现个性美”的前提下表现美感，才能设计出完整的作品。

从广义上说，色彩、形式、材质也有功能性，但是，如何更好地利用这些特点，就成了创造。在生活空间中，非常夸张的表现其实很少，非常用心的细节处理才是大众所需要的。

（2）普遍性和个性（喜好）

以色彩、户型布置图为中心的创造绝不能自以为是，因为创造也常会被更加个性化的矛盾所纠缠。可以说，美因时代的不同而有所变化，但是古典美却是一成不变的。可以在感受美的基本原则上，加以个性及新鲜感，因为无论多艺术、多前卫的美，也会包含最基础的美。

在涉及房主的基本生活空间时，设计在大多数情况下是保守的。而且，在“特定个人的住宅”这个意义上，既有个性的表现，也有非个性的表现。要注意，同时存在这样的问题是比较危险的。

1.4.5 技术性

技术性，主要是指砖缝、对角、压边等衔接处理得好与坏。

（1）比较“材料”和“技术”

无论是材料还是技术，都能尽善尽美是最好的，但如果因为预算有限，不得已必须削减一方时，把材料的预算做低一点是比较明智的选择。只要没有非要用实木、大理石这类奢侈愿望的话，降低一些材料费用，外观上没有太大区别。甚至，越是采用低成本且简约的材料来装修，效果可能越显得有品位。

但与材料相比，技术方面是值得进行较多投入的。“便宜且技术含量高”的想法，最好不要有。比如定制的家具，各个细节的处理都会影响到家具的寿命。即使两种施工的报价之间有6000元的差距，可以计算一下6000元平均到每天是多少——肯定不会有太大的差距。既然如此，为了看上去更好看、使用寿命更长，多投入一些成本，结果肯定会更好。

（2）选择技术高超的施工队

虽说现在的施工队中也有技术高超的工匠，但从整体上来说，施工队的人做家具的水平并不高。如果需要定制柜台、架子、房门这些物件，最好还是选择专业的家具公司。因为这些专业公司的技术及五金件的选择更值得信赖。

（3）设计要结合经济性来考虑

虽然不建议压低技术的初期费用，但是考虑设计时是可以在运行费用上下功夫的。

比如，有凹槽的设计很容易堆积垃圾，采用不同的面漆或不同的五金件，污垢的显眼程度也会不同。设计师在选择这些材料时应该多为房主考虑今后如何减少维修及养护的成本。

1.5 室内设计的内容分类和职业划分

室内设计研究的对象简单地说就是研究建筑内部空间的围合面及内含物。通常习惯把室内设计按以下几种标准进行划分。

1.5.1 按设计深度

室内方案设计、室内初步设计、室内施工图设计。

1.5.2 按设计内容

室内装修设计、室内物理设计（声学设计、光学设计）、室内设备设计（给排水设计，供暖、通风、空调设计，电气、通信设计）、室内软装设计（窗帘设计、饰品选配）、室内风水等。

1.5.3 按设计空间性质

居住建筑空间设计、公共建筑空间设计、工业建筑空间设计、农业建筑空间设计。

1.5.4 按建筑物的使用功能

（1）居住建筑室内设计

主要涉及住宅、公寓和宿舍的室内设计，具体包括前室、起居室、餐厅、书房、工作室、卧室、厨房和浴厕设计。

（2）公共建筑室内设计

① 文教建筑室内设计。主要涉及幼儿园、学校、图书馆、科研楼的室内设计，具体包括门厅、过厅、中庭、教室、活动室、阅览室、实验室、机房等室内设计。

② 医疗建筑室内设计。主要涉及医院、社区诊所、疗养院的建筑室内设计，具体包括门

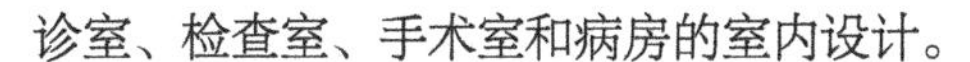

诊室、检查室、手术室和病房的室内设计。

③ 办公建筑室内设计。主要涉及行政办公楼和商业办公楼内部的办公室、会议室以及报告厅的室内设计。

④ 商业建筑室内设计。主要涉及商场、便利店、餐饮建筑的室内设计，具体包括营业厅、专卖店、酒吧、茶室、餐厅的室内设计。

⑤ 展览建筑室内设计。主要涉及各种美术馆、展览馆和博物馆的室内设计，具体包括展厅和展廊的室内设计。

⑥ 娱乐建筑室内设计。主要涉及各种舞厅、歌厅、KTV、游艺厅的建筑室内设计。

⑦ 体育建筑室内设计。主要涉及各种类型的体育馆、游泳馆的室内设计，具体包括用于不同体育项目的比赛、训练及配套的辅助用房设计。

⑧ 交通建筑室内设计。主要涉及公路、铁路、水路、民航的车站、候机楼、码头建筑，具体包括候机厅、候车室、候船厅、售票厅等的室内设计。

（3）工业建筑室内设计

主要涉及各类厂房的车间、生活间及辅助用房的室内设计。

（4）农业建筑室内设计

主要涉及各类农业生产用房，如种植暖房、饲养房的室内设计。

1.6 室内设计的方法与步骤

1.6.1 室内设计的方法

室内设计的方法，这里着重从设计者的思考方法来分析，主要有以下几点。

（1）功能定位、时空定位、标准定位

进行室内环境的设计时，首先需要明确是什么样性质的使用功能，是居住的还是办公的？是游乐的还是商业的？因为不同性质使用功能的室内环境，需要满足不同的使用特点，塑造出不同的环境氛围，例如恬静、温馨的居住室内环境，井井有条的办公室内环境，新颖独特的游乐室内环境，以及舒适悦目的商业购物室内环境等，当然还有与功能相适应的空间组织和平面布局，这就是功能定位。

时空定位也就是说所设计的室内环境应该具有时代气息和时尚要求，考虑所设计的室内

环境的位置所在，国内还是国外，南方还是北方，城市还是乡镇，以及设计空间的周围环境、左邻右舍，地域空间环境和地域文化等。

至于标准定位是指室内设计、建筑装修的总投入和单方造价标准（指核算成每平方米的造价标准），这涉及到室内环境的规模，各装饰界面选用的材质品种，采用设施、设备、家具、灯具、陈设品的档次等。

（2）大处着眼、细处着手，从里到外，从外到里

大处着眼、细处着手，总体与细部深入推敲。大处着眼，即是如前几节所叙述的，室内设计应考虑的几个基本要素、设计依据等。这样，在设计时思考问题和着手设计的起点就高，有一个设计的全局观念。细处着手是指具体进行设计时，必须根据室内的使用性质，深入调查，收集信息，掌握必要的资料和数据，从最基本的人体尺度、人流动线、活动范围和特点、家具与设备等的尺寸等着手。

从里到外、从外到里，局部与整体协调统一。建筑师A·依可尼可夫曾说："任何建筑创作，应是内部构成因素和外部联系之间相互作用的结果，也就是'从里到外''从外到里'。"

室内环境的"里"，以及和这一室内环境连接的其他室内环境，以至建筑室外环境的"外"，它们之间有着相互依存的密切关系，设计时需要从里到外、从外到里多次反复协调，务使更趋完善合理。室内环境需要与建筑整体的性质、标准、风格，与室外环境相协调统一。

（3）意在笔先、贵在立意创新

意在笔先原指创作绘画时必须先有立意（Idea），即深思熟虑，有了"想法"后再动笔，也就是说设计的构思、立意至关重要。可以说，一项设计，没有立意、没有立意创新就等于没有"灵魂"，设计的难度也往往在于要有一个好的构思。具体设计时意在笔先固然好，但是一个较为成熟的构思，往往需要有足够的信息量，有商讨和思考的时间，因此也可以边动笔边构思，即所谓笔意同步，在设计前期和出方案过程中使立意、构思逐步明确。但关键仍然是要有一个好的构思，也就是说在构思和立意中要有创新意识，设计是创造性劳动，之所以比较艰难，也就在于需要有原创力和创新精神。

对于室内设计来说，正确、完整，又有表现力地表达出室内环境设计的构思和意图，使建设者和评审人员能够通过图纸、模型、说明等，全面地了解设计意图，也是非常重要的。在设计投标竞争中，图纸质量的完整、精确、优美是第一关，因为在设计中，形象毕竟是很重要的一个方面，而图纸表达则是设计者的语言，一个优秀室内设计的内涵和表达也应该是统一的。

1.6.2 室内设计的步骤

室内设计根据设计的进程，通常可以分为四个阶段，即设计准备阶段、方案设计阶段、施工图设计阶段和设计实施阶段。

（1）设计准备阶段

设计准备阶段主要是接受委托任务书，签订合同，或者根据标书要求参加投标；明确设计期限并制定设计计划进度安排，考虑各有关工种的配合与协调。

明确设计任务和要求，如室内设计任务的使用性质、功能特点、设计规模、等级标准、总造价，根据任务的使用性质所需创造的室内环境氛围、文化内涵或艺术风格等。

熟悉设计有关的规范和定额标准，收集分析必要的资料和信息，包括对现场的调查踏勘以及对同类型实例的参观等。

在签订合同或制定投标文件时，还包括设计进度安排，设计费率标准，即室内设计收取业主设计费占室内装饰总投入资金的百分比（一般由设计单位根据任务的性质、要求、设计复杂程度和工作量提出所收取的设计费率数，通常为4% ~ 8%，最终与业主商议确定）。收取的设计费，也有按工程量来计算的，即按每平方米的设计费，再乘以总计工程的平方米来计算。

（2）方案设计阶段

方案设计阶段是在设计准备阶段的基础上，进一步收集、分析、运用与设计任务有关的资料与信息，构思立意，进行初步方案设计，深入设计，进行方案的分析与比较。

确定初步设计方案，提供设计文件，文件通常包括：

① 平面图（包括家具布置），常用比例为1 ： 50，1 ： 100;
② 室内立面展开图，常用比例为1 ： 20，1 ： 50;
③ 平顶图或仰视图（包括灯具、风口等布置），常用比例为1 ： 50，1 ： 100;
④ 室内透视图（彩色效果）；
⑤ 室内装饰材料实样及图纸（墙纸、地毯、窗帘、室内纺织面料、墙地面砖及石材、木材等均用实样，家具、灯具、设备等用实物照片）；
⑥ 设计意图说明和造价概算。

初步设计方案需经审定后，方可进行施工图设计。

（3）施工图设计阶段

施工图设计阶段需要补充施工所必要的有关平面布置、室内立面和平顶等图纸，还需包括构造节点详图、细部大样图以及设备管线图，编制施工说明和造价预算。

（4）设计实施阶段

设计实施阶段也即是工程的施工阶段。室内工程在施工前，设计人员应向施工单位进行设计意图说明及图纸的技术交底；工程施工期间需按图纸要求核对施工实况，有时还需根据现场实况提出对图纸的局部修改或补充（由设计单位出具修改通知书）；施工结束时，会同质检部门和建设单位进行工程验收。

为了使设计取得预期效果，室内设计人员必须抓好每一个阶段的工作，充分重视设计、施工、材料、设备等各个方面，并熟悉、重视与原建筑物的建筑设计、设施（风、水、电等设备工程）设计的衔接，同时还须协调好与建设单位和施工单位之间的相互关系，在设计意图和构思方面取得沟通与共识，以期取得理想的设计工程成果。

02 世界室内设计风格与流派

2.1 世界室内设计风格

2.1.1 传统中式风格

中国传统风格成为东方的一大特色，蕴涵着出众品质，一是庄严典雅的气度，二是潇洒飘逸的气韵，象征着超脱的性灵意境。我们常说的中式风格是以宫廷建筑为代表的中国古典建筑的室内装饰设计艺术风格。

（1）元素特征

以中国传统文化内涵为设计元素，具有现代文艺气息和古典文化神韵。注重突出优雅、气势恢宏、壮丽华贵、高空间、大进深、雕梁画栋、金碧辉煌、成熟稳重的感觉。

（2）材质特征

材质以木材为主，多采用酸枝木或大叶檀香等高档硬木。

（3）色彩特征

色彩以深色沉稳为主，采用以红色、黑色、黄色为主的装饰色调。

（4）造型特征

总体布局对称均衡，端正稳健，而在装饰细节上崇尚自然情趣，花鸟、鱼虫等精雕细琢，富于变化，充分体现出中国传统美学精神。空间上讲究层次，多用隔窗、屏风来分割，用实木做出结实的框架，以固定支架，中间用棂子雕花，做成古朴的图案。门窗一般是用棂子做成方格或其他中式的传统图案，用实木雕刻成各式题材造型，打磨光滑，富有立体感。天花以木条相交成方格形，上覆木板，也可做简单的环形的灯池吊顶，用实木做框，层次清晰，漆成花梨木色。古典风格大多都是以窗花、博古架、中式花格、顶棚梁柱等装饰为主。另外，会增加国画、字画、挂饰画等做墙面装饰，再增加些盆景以求和谐（图2-1）。

图2-1 传统中式风格室内设计

2.1.2 新中式风格

新中式风格是中式元素与现代材质的巧妙兼容，明清家具、窗棂、布艺床品相互辉映，是逐渐发展成熟的新一代设计队伍和消费市场孕育出的一种新的理念。

（1）元素特征

新中式风格是中国传统风格意义在当前时代背景下的演绎，是对中国当代文化充分理解基础上的当代设计，清雅含蓄、端庄丰华、简洁现代、古朴大方、优雅温馨、自然脱俗、成熟稳重，重点突出了庄重、优雅、简洁的风格。

（2）材质特征

中式风格的建材往往是取材于大自然，例如木头、石头，尤其是木材，也可以运用多种新型材料，可以使浓厚的东方气质和古典元素搭配得相得益彰。

（3）色彩特征

一是以苏州园林和京城民宅的黑色、白色、灰色为基调；二是在黑色、白色、灰色基础上以皇家住宅的红色、黄色、蓝色、绿色等作为局部色彩。新中式设计中，黑色、粉色、橙色、红色、黄色、绿色、白色、紫色、蓝色、灰色、棕色等各种颜色都可以和谐使用。

（4）造型特征

新中式风格非常讲究空间的层次感，依据住宅使用人数和私密程度的不同，做出分隔的功能性空间。在需要隔断视线的地方，则使用中式的屏风或窗棂、中式木门、工艺隔断、简约化的中式“博古架”进行间隔。通过这种新的分隔方式，单元式住宅展现出中式家居的层次之美，再添加一些简约的中式元素造型，如甲骨文、中式窗棂、方格造型等，使整体空间感觉更加丰富，大而不空、厚而不重，有格调又不显压抑。新中式装饰风格的住宅中，空间装饰采用简洁、硬朗的直线条，有时还会采用具有西方工业设计色彩的板式家具，搭配中式风格来使用。直线装饰的使用不仅反映出现代人追求简单生活的居住要求，更迎合了中式家具追求内敛、质朴的设计风格，使新中式更加实用，更富现代感。

新中式家具的构成主要体现在线条简练流畅，内部设计精巧的传统家具多以明清家具为主，或现代家具与古典家具相结合。家具以深色为主，书卷味较浓。条案、靠背椅、罗汉床、两椅一几经常被选用。布置上，家具更加灵活随意。

新中式风格的饰品主要是瓷器、陶艺、中式窗花、字画、布艺以及具有一定含义的中式古典物品，精美的瓷器、寓意深刻的装饰画等。完美地演绎历史与现代、古典与时尚的激情碰撞，营造了回归自然的意境（图2-2）。

●图2-2　新中式风格室内设计

（5）中式风格和新中式风格区别

新中式融入了现在的元素，例如在材质、构造、装饰和布置上，新中式家具更加灵活随意。

新中式风格是对中式风格的扬弃，新中式风格将中式元素和现代设计两者的长处有机结合，其精华之处在于以内敛沉稳的古意为出发点，既能体现中国传统神韵，又具备现代感的新设计、新理念等，从而使家具兼具古典与现代的神韵。

2.1.3 欧式风格

欧式风格根据不同的时期常被分为古典风格、中世风格、文艺复兴风格、巴洛克风格、新古典主义风格、洛可可风格等，根据地域文化的不同则有地中海风格、法国巴洛克风格、英国巴洛克风格、北欧风格、美式风格等。

（1）元素特征

主要是突出豪华、大气、奢侈、雍容华贵。

（2）材质特征

装修材料常用大理石、多彩的织物、精美的地毯、精致的法国壁挂，整个风格豪华、富丽，充满强烈的动感效果。

（3）色彩特征

欧式风格在色彩上比较大胆，采用的或是富丽堂皇、浓烈而华丽的色彩，或是清新明快，或是古色古香。从家居的整体色彩来说，它大多以金色、黄色和褐色为主色调，这使得整个家居设计显得大气十足。色彩上也结合典雅的古代风格，纤细别致的中世纪风格，富丽的文艺复兴风格，浪漫的巴洛克、洛可可风格，一直到庞贝式、帝政式的新古典风格，在各个时期都有各种精彩的演绎，是欧式风格不可或缺的要角。

（4）造型特征

欧式装饰风格适用于大面积房子，若空间太小，不但无法展现其风格气势，反而对生活在其间的人造成一种压迫感。欧式风格在设计上追求空间变化的连续性和形体变化的层次感，在造型设计上既要突出凹凸感，又要有优美的弧线，两种造型相映成趣，风情万种（图2-3）。

图2-3 斯德哥尔摩极简北欧风格餐厅设计

2.1.4 地中海风格

地中海风格是阳光、沙滩与海的交融，湛蓝色与灰白色相搭配，显示出浓厚的田园艺术气息。作为文艺复兴时期兴起的一种家具风格，时常会采用做旧等家具艺术工艺加以描绘，凸显出地中海风格富含深厚精细加工工艺的历史韵味，是一款不可多得的艺术家具款型。

（1）元素特征

白灰泥墙、连续的拱廊与拱门，陶砖、海蓝色的屋瓦和门窗。地中海风格给人以自由、清新、纯净、亲切、纯朴而浪漫的自然风情。

（2）材质特征

家具尽量采用低彩度、线条简单且修边浑圆的木质家具。地面则多铺赤陶或石板，在室内，窗帘、桌巾、沙发套、灯罩等均以低彩度色调和棉织品为主。素雅的小细花条纹格子图案是主要风格。马赛克镶嵌、拼贴在地中海风格中算较为华丽的装饰。主要利用小石子、瓷砖、贝类、玻璃片、玻璃珠等素材，切割后再进行创意组合。独特的锻打铁艺家具，也是地中海风格独特的美学产物。同时，地中海风格的家居还要注意绿化，爬藤类植物是常见的居家植物，小巧可爱的绿色盆栽也常看见。

（3）色彩特征

① 蓝色与白色：是比较典型的地中海颜色搭配。

② 黄色、蓝紫色和绿色：南意大利的向日葵、南法的薰衣草花田，金黄色与蓝紫色的花卉与绿叶相映，形成一种别有情调的色彩组合，具有自然的美感。

③ 土黄色及红褐色：这是北非特有的沙漠、岩石、泥、沙等天然景观颜色，再辅以北非土生植物的深红色、靛蓝色，加上黄铜色，带来一种大地般的浩瀚感觉。

（4）造型特征

“地中海风格”的建筑特色是，拱门与半拱门、马蹄状的门窗、家中的墙面处（只要不是承重墙），均可运用半穿凿或者全穿凿的方式来塑造室内的景中窗。这是地中海家居的一个情趣之处。房屋或家具的线条不是直来直去的，显得比较自然，因而无论是家具还是建筑，都形成一种独特的浑圆造型（图2-4）。

图2-4　地中海风格室内设计

2.1.5 东南亚风格

图2-5　丛林主题风格的Manami餐厅设计

东南亚风格（图2-5）是一个结合东南亚民族岛屿特色与精致文化品位的设计。

（1）元素特征

风格浓烈、优雅、稳重而有豪华感，奢华又有温馨和谐及丝丝禅意。东南亚风格追求的是一种自然的气息，融入生活的纯生态的美感，同时追求随意的野性，这是深居城市的人们在生活压力下的一种对自由的渴望。东南亚风格家具追求纯手工编织，要求不带工业色彩，环保的同时又带有一丝贵气。

（2）材质特征

大多以纯天然的藤、竹、柚木为材质，纯手工制作而成。这些材质会使居室显得自然古朴，仿佛沐浴着阳光雨露般舒畅。

(3) 色彩特征

装饰色彩多以黄色、绿色、金色和红色为主，以求与外界环境交融。色泽以原藤、原木的色调为主，大多为褐色等深色系。东南亚风情标志性的炫色系列多为深色系，且在光线下会变色，沉稳中透着一点贵气。配饰（如靠垫、布艺）多采用亮丽鲜艳的色彩，起到活跃空间的作用。

(4) 造型特征

空间上讲究多层次，多用隔窗、屏风来分割，多以直线为主，简洁大方，又不失格调。连贯穿插，注重空间的交互性和空间与环境的开敞流动，多用推拉隔断，空间用线以及由线构成的面相互融合。室内多摆放东南亚植物（图2-5）。

2.1.6 现代简约风格

简约不等于简单，它是经过深思熟虑后，再经过创新得出的设计和思路的延展，不是简单的“堆砌”和平淡的“摆放”。它是将设计的元素、色彩、照明、原材料简化到最少的程度，但对色彩、材料的质感要求很高。简约的空间设计通常非常含蓄，往往能达到以少胜多、以简胜繁的效果。在家具配置上，白亮光系列家具，独特的光泽使家具备感时尚，具有舒适与美观并存的享受。强调功能性设计，线条简约流畅，色彩对比强烈，这是现代风格家具的特点。

图2-6 香港Regus现代化包豪斯风格联合办公空间设计

(1) 材质特征

大量使用钢化玻璃、不锈钢等新型材料作为辅材，也是现代风格家具的常见装饰手法，能给人带来前卫、不受拘束的感觉。

(2) 色彩特征

延续了黑色、白色、灰色的主色调，以简洁的造型、完美的细节，营造出时尚前卫的感觉。

(3) 造型特征

由于线条简单、装饰元素少，现代风格家具需要完美的软装配合，才能显示出美感。例如沙发需要靠垫、餐桌需要餐桌布、床需要窗帘和床

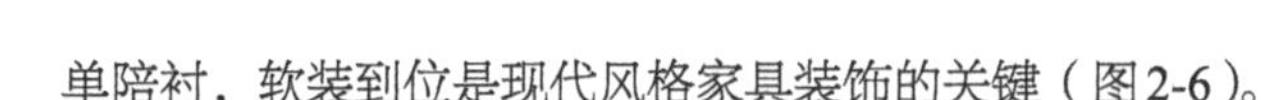
单陪衬，软装到位是现代风格家具装饰的关键（图2-6）。

2.1.7 美式田园风格

美式田园风格又称为美式乡村风格，属于自然风格的一支，倡导“回归自然”。田园风格在美学上推崇自然、结合自然，在室内环境中力求表现悠闲、舒畅、自然的田园生活情趣和元素特征。美式田园有务实、规范、成熟的特点，粗犷大气、简洁优雅、简洁明快、温馨、自然质朴，追求舒适性、实用性和功劳性为一体，清婉惬意，外观雅致休闲。

（1）材质特征

美式田园对仿古的墙地砖、石材有偏爱。材料选择上多倾向于较硬、光挺、华丽的材质，同时装修和其他空间要更加明亮光鲜，通常使用大量的石材和木饰面装饰，比如喜好仿古的墙砖、橱具门板，喜好实木门扇或白色模压门扇仿木纹色；另外，厨房的窗也会配置窗帘等，美式家具一般采用胡桃木和枫木。

（2）色彩特征

色彩多以淡雅的板岩色和古董色，家具颜色多仿旧漆，式样厚重。墙壁白色居多，随意涂鸦的花卉图案为主流特色，线条随意但注重干净、干练。

（3）造型特征

美式家具的特点是优雅的造型，清新的纹路，质朴的色调，细腻的雕饰，舒适高贵中透露出历史文化内涵。室内绿化也较为丰富，装饰画较多（图2-7）。

图2-7　美式田园风格室内设计

2.1.8 工业风格

工业风格是从美国演变而来，一直是粗犷、随意、不羁的代名词，受到很多时尚青年的欢迎。

（1）颜色

工业风格家装主要是采用黑白灰色系的，也有采用红色系的装饰色彩等。黑色给人的感觉是神秘冷酷的，白色给人的感觉是优雅静谧的，白色和黑色混合搭配的话在层次上会出现更多的变化。选择家具的颜色如果整体家装设计都是黑色与白色的搭配，就可以把有颜敢任性的工业风完美地体现出来。

（2）建材

工业风格的墙面多保留原有建筑的部分容貌，如墙面不加任何装饰，把墙砖裸露出来，或者采用砖块设计或者油漆装饰，抑或者用水泥墙来代替；室内的窗户或者横梁上都是做成铁锈斑驳，显得非常破旧；在天花板上基本上不会有吊顶材料的设计，通常会看到裸露的金属管道或者下水道等，把裸露在外的水电线和管道线通过在颜色和位置上合理安排，组成工业风格家装的视觉元素之一。

（3）装饰

金属制成的家具为首选，工业风格装饰离不开金属，不过金属家具过于冷调了，可以与木质或者皮质元素搭配。原木的家具也是工业风格中常见的，尤其是那些老旧木头，更具有质感。金属骨架和双关节灯具，以及样式多变的灯泡和用布料编织的电线，都是工业风格家装中非常重要的元素，装上这样的灯具能改变整个家居空间的氛围。

① 墙壁　在工业风格的家装设计中，墙面的装修是极为重要的，墙边占据了整个住宅的绝大部分区域，也是人一进入房屋中对房屋装修设计感受的绝大部分来源。因此对于工业风格的装修设计中，更加不能忽略对墙壁的利用，那么如何利用墙壁营造出家装的工业感呢？首先要知道，工业风格的家装墙壁都是十分独特的，大部分家装在进行墙壁装修时会选择砖块设计，也就是直接以裸露的砖块构成墙壁，而不必对墙壁进行粉刷、装饰等，当然还需要注意，并不是所有墙面装饰都适合裸露砖块的，如天花板的墙面，为了保证居住环境的安全性和稳定性，天花板常会采用伪墙面的造型，即给墙面涂上复古的涂料即可。

② 大门　工业风格的家装设计中，室内的各扇门也是十分重要的，这里强调的对大门的设计并不是说要用多么华丽的装饰材料对大门进行装饰，而正相反，工业风格的装修设计讲究的是各个空间的连通性，就像在一个工厂之中，各个空间之间只有金属进行阻隔，而没有独立的门。因此，在进行工业风格的装修设计中，对门的设计一定要把握“空门大开”的设计原理，将门的数量尽量减少，不要设置不必要的阻隔，如果必须有门也可以选择以金属边框构成一个空门，而不要使用木门等普通材质的门。

③ 色彩搭配　在进行工业风格的家装设计中，还有一点十分重要的就是整个家装的颜色搭配。无论是什么风格的装修设计，颜色搭配都是不可忽视的设计要素，因为不同风格的体现往往要依靠不同色彩元素的搭配。工业风格给人的印象是冷峻、硬朗、个性的，因此在进行工业风格的家居设计中一般不会选择蓝色、绿色、紫色等色彩感过于强烈的颜色，而会尽量选择原木色、灰色、棕色等颜色，以更突显工业风格的魅力所在。

案例

高雄 $155m^2$ 美式复古工业风室内设计

入口镂空锈蚀铁板为渗入阳光与绿意，搭配复古花砖，让黑色铁网的鞋柜重工业风的调性稍稍中和，让玄关流入一股清新的气息（图2–8）。

●图2-8 入口设计

铁板后方的休憩区，用皮单椅、实木边几、复古立灯围塑出专属个人的角落。简约大器的松木夹板柜体，有着木头原始的质感，后方拉出的隐形柜子，是黑胶唱片最能被展现的地方。巨大的复古工业风车站时钟随兴地摆在地面，与泛黄的电影海报一起映衬着空间的老电影氛围（图2–9）。

●图2-9 休憩区设计

开阔的公共场域，水管和老柚木的餐桌、古董餐吊灯与铁管皮椅，被红砖衬得似咖啡厅的氛围，复古电话、古铜色的水管层架与黑色铆钉舱门更增添墙面故事性，黑色厨具旁，以钢筋交错排列出放置红酒的空间，搭配上植物盆栽，有种不经意的雅趣（图2-10）。

●图2-10 开阔的公共场域设计

餐厅一旁充满暖阳的卧榻区则是屋主可爱的小猫的专属基地，而卧室的拱形小洞则是特意为猫咪打造的门，当屋主关门睡觉时，只要留着小门，猫咪就能随时进出，是重工业风的家中增加人猫互动的温馨巧思（图2-11）。

●图2-11 小猫的专属基地

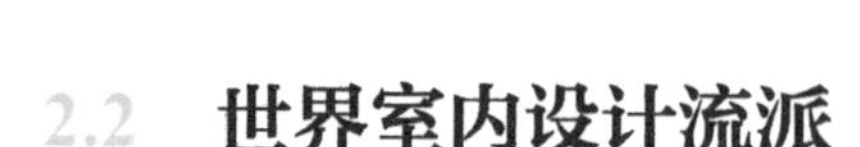

2.2 世界室内设计流派

2.2.1 高技派

未来主义始于20世纪初，20世纪70年代进入空前繁荣期。世界上著名的建筑作品如图2-12所示的“巴黎蓬皮杜艺术与文化中心”就建于那个时期。而1969年7月，美国阿波罗登月成功，更激发人类向更多未知领域进发，它象征着人类依靠技术的进步征服了自然。科技的力量助涨了未来主义的风潮，艺术家们的创作兴趣涵盖了所有的艺术样式，包括绘画、雕塑、诗歌、戏剧、音乐、建筑甚至延伸到烹饪领域。未来主义在家居领域的演变，称为“高科技”。

●图2-12　巴黎蓬皮杜艺术与文化中心

20世纪50年代后期的建筑造型、风格上注意表现“高度工业技术”的设计倾向。高技派理论上极力宣扬机器美学和新技术的美感，它主要表现在以下三个方面。

① 提倡采用最新的材料——高强钢、硬铝、塑料和各种化学制品来制造体量轻、用料少，能够快速与灵活装配的建筑；强调系统设计（Systematic Planning）和参数设计（Parametric Planning）；主张采用与表现预制装配化标准构件。

② 认为功能可变，结构不变。表现技术的合理性和空间的灵活性既能适应多功能需要又能达到机器美学效果。这类建筑的代表作首推巴黎蓬皮杜艺术与文化中心。

③ 强调新时代的审美观应该考虑技术的决定因素，力求使高度工业技术接近人们习惯的生活方式和传统的美学观，使人们容易接受并产生愉悦。

高技派阐述了工业化所带给人们家居审美的重大改变，更加强调工业化的材质，讲究并突显生产技术带给人的现代、冰冷、科技的感觉。这种全新的，以生产工艺为基础的设计语言，一旦服务于家居设计，则以极富另类的视角，重新诠释了现代文明。它推崇几何形式和季节风格，热衷于用金属、塑料、玻璃、钢铁等工业时代的材料来装配家居，善于通过技术的合理性和空间的灵活性来极力宣扬机械美学和新技术的美感。高技派反对传统的审美观念，强调设计作为信息的媒介和设计的交际功能，在建筑设计、室内设计中坚持采用新技术，在美学上极力鼓吹表现新技术的做法，包括战后“现代主义建筑”在设计方法中所有“重理”的方面，以及讲求技术精美和“粗野主义”倾向。这种看似冰冷的机械美学，在21世纪的今天，则被赋予了更多人性的光环，将感情注入空间，用技术来装点生活，它以一种建立在设计师理性推理之上的片段的、富于质感的、充满意味的空间表达方式，来阐述自己对于未来的创想。

日本的著名设计师深泽直人就是高技派设计师代表之一，他宣扬机械美学和新技术的运用，用理性推理建造充满未来感的家居空间，专属于对未来极度渴望，喜欢一切具有创造力的与众不同的事物和生活方式的人们。在他的设计作品中，多以夸张的冷色调或前卫的造型统纳全局，常用线条简练的铝边推拉门或镜面、透明或者磨砂的玻璃装饰柜体，抑或是用“Iris”新巴洛克瓷砖和金属色泽的瓷砖来装饰居室。如图2-13所示为深泽直人为“无印良品”所做的店铺装修设计。

图2-13　深泽直人为“无印良品”所做的店铺装修设计

2.2.2 光亮派

光亮派是晚期现代主义中的极少主义派的演变，也称“银色派”。室内设计师们擅长抽象形体的构成，夸耀新型材料及现代加工工艺的精密细致及光亮效果，在室内往往大量采用镜面及平曲面玻璃、不锈钢、磨光的花岗石和大理石等作为装饰面材。在室内照明上，又采用投射、折射等各类新型光源和灯具，在金属和镜面材料的烘托下，形成光彩照人、绚丽夺目的效果，并在简洁明快的空间中展示了现代材料和现代加工技术的高精度，传递着时代精神。

镜面是光亮派风格装修经常选用的材料之一，其装饰效果和反光效果都非常好，图2-14中的客厅玄关用镜面墙装饰，从视觉上增大了客厅面积，搭配上深色墙面与观赏台，显得美观大气中不乏雍容，也达到了光亮派风格装修中镜面反光的折射效果。

图2-14　半透明和镜像分区——日本山梨Vision Atelier发廊空间设计

光亮派风格装修的另一个主要手段便是运用自然光，图2-15的房间便是一个很好的例子，设计师巧妙地运用了光的反射与折射，将自然光化作照明的工具，既省电又环保，这种光亮派风格装修的另一优点是利用自然光滋润室内植物，这样便再也不怕室内植物照不到阳光了。

除去自然光和镜面、玻璃等反光材料，抛光打磨后的大理石、花岗石等也是光亮派风格装修材料的热门之选，图2-16中整个墙面与地面都运用了抛光大理石，不仅素雅清新而且起到了增加室内光线的作用。

图2-15　光亮派风格装修运用自然光

图2-16　大理石、花岗石等是光亮派风格装修材料的热门之选

2.2.3 白色派

白色派的室内朴实无华，室内各界面以至家具等常以白色为基调，简洁明确，例如美国建筑师理查德·迈耶设计的史密斯住宅及其室内即属此例。理查德·迈耶白色派的室内，并不仅仅停留在简化装饰、选用白色等表面处理上，而是具有更为深层的构思内涵，设计师在室内环境设计时，是综合考虑了室内活动着的人以及透过门窗可见的变化着的室外景物，由此，从某种意义上讲，室内环境只是一种活动场所的“背景”，从而在装饰造型和用色上不做过多渲染（图2-17）。

图2-17　白色派室内设计

2.2.4 风格派

风格派起始于20世纪20年代的荷兰，以画家彼埃·蒙德里安等为代表的艺术流派，强调“纯造型的表现”“要从传统及个性崇拜的约束下解放艺术”。风格派认为“把生活环境抽象化，这对人们的生活就是一种真实”。他们对室内装饰和家具经常采用几何形体以及红色、黄色、青色三原色，间或以黑色、灰色、白色等色彩相配置。风格派的室内，在色彩及造型方面都具有极为鲜明的特征与个性。建筑与室内常以几何方块为基础，对建筑室内外空间采用内部空间与外部空间穿插统一构成为一体的手法，并以屋顶、墙面的凹凸和强烈的色彩对块体进行强调（图2-18）。

图2-18　支付公司Paysafe开发团队办公空间设计

2.2.5 超现实派

超现实派追求所谓超越现实的艺术效果，在室内布置中常采用异常的空间组织，曲面或具有流动弧形线型的界面，浓重的色彩，变幻莫测的

●图2-19　Lime Flavor时尚未来感的酒店套房设计

光影，造型奇特的家具与设备，有时还以现代绘画或雕塑来烘托超现实的室内环境气氛。超现实派的室内环境较为适应具有视觉形象特殊要求的某些展示或娱乐的室内空间（图2-19）。

2.2.6 装饰艺术派

装饰艺术派起源于20世纪20年代法国巴黎召开的一次装饰艺术与现代工业国际博览会，后传至美国等各地，如美国早期兴建的一些摩天楼即采用这一流派的手法。装饰艺术派善于运用多层次的几何线型及图案，重点装饰于建筑内外门窗线脚、檐口及建筑腰线、顶角线等部位。上海早年建造的老锦江宾馆及和平饭店等建筑的内外装饰，均为装饰艺术派的手法。近年来一些宾馆和大型商场的室内，出于既具时代气息，又有建筑文化的内涵考虑，常在现代风格的基础上，在建筑细部饰以装饰艺术派的图案和纹样（图2-20）。

2.2.7 新洛可可派

洛可可原为18世纪盛行于欧洲宫廷的一种建筑装饰风格，以精细轻巧和繁复的雕饰为特征，

●图2-20　装饰艺术派室内设计

●图2-21　新洛可可派室内设计

新洛可可仰承了洛可可繁复的装饰特点，但装饰造型的“载体”和加工技术却运用现代新型装饰材料和现代工艺手段，从而具有华丽而略显浪漫、传统中仍不失有时代气息的装饰氛围（图2-21）。

2.2.8 解构主义

解构主义是20世纪60年代，以法国哲学家雅克·德里达为代表所提出的哲学观念，是对20世纪前期欧美盛行的结构主义和理论思想传统的质疑和批判，建筑和室内设计中的解构主义派对传统古典、构图规律等均采取否定的态度，强调不受历史文化和传统理性的约束，是一种貌似结构构成解体，突破传统形式构图，用材粗放的流派（图2-22）。

图2-22　解构主义室内设计

当前社会是从工业社会逐渐向后工业社会或信息社会过渡的时期，人们对自身周围环境的需要除了能满足使用要求、物质功能之外，更注重对环境氛围、文化内涵、艺术质量等精神功能的需求。室内设计不同艺术风格和流派的产生、发展和变换，既是建筑艺术历史文脉的延续和发展，具有深刻的社会发展历史和文化的内涵，同时也必将极大地丰富人们与之朝夕相处活动于其间时的精神生活。

案例

包豪斯风格的精致呈现——洛杉矶 NeueHouse 办公空间

设计师从流线型的几何形体及精致的机械时代，在修复和改造的过程中完全保留了建筑的品质和现代感，让建筑独特的创新精神得以保留和传达。

设计师运用现代主义惯用的手法——用柔和的、软性的室内设计来平衡建筑外形的冷硬和朴素。精致的白色大理石和银色的金属构件同原有的粗糙的混凝土墙面、抛光的混凝土地板及暴露的结构细部形成鲜明的对比；摩洛哥地毯的纹路同建筑抽象的几何形态相呼应；10种特制的不同类型的吊灯，分布在建筑的各个区域（图2-23）。

●图2-23 洛杉矶NeueHouse办公空间

●图2-24 多种材质形成鲜明的对比

●图2-25 接待台

●图2-26 咖啡吧台

董事会房间的装修更为精致和奢华。设计师选用包豪斯风格的家具赋予了室内特有的怀旧感。例如软包的墙面、钢琴专用漆喷涂而成的橡木地板……

Rockwell Group与NeueHouse工作室合作，将后者的DNA和原有建筑所扮演的社会角色及精神——“娱乐产业的创新中心”融为一体，打造出这座为好莱坞新兴企业家及初创公司服务的新办公楼。这座7层的办公楼比位于纽约的办公楼大一倍还要多。精致的白色大理石和银色的金属构件同原有建筑粗糙的混凝土墙面、抛光的混凝土地板及暴露的结构细部形成鲜明的对比。摩洛哥地毯的纹路同建筑抽象的几何形态相呼应，就像现代主义建筑师们惯用的手法——用柔和的、软性的室内设计来平衡建筑外形的冷硬和朴素（图2-24）。

通过宽敞而开放的庭院，会员进入到建筑中来。入口大厅的一端是接待台，其粗糙的带着模板印记的混凝土柜台与后方精致白色大理石桌面形成鲜明的对比。大厅的另一端，粗糙的混凝土墙面前方是平整而细腻的咖啡吧台，在这个质朴的、保存完好的现代主义风格的空间内，创业者们可以尽情地进行社交（图2-25、图2-26）。

主廊和会议室上方的天花板上悬挂着特制的大型吊灯。Rockwell Group从建筑遗留的现代主义风格的物件中汲取灵感，设计了10种不同类型吊灯，分布在建筑的大厅、工作室、会议室、办公室及接待区。会员可以通过主楼梯、放映室一侧的电梯或者靠近大厅的辅助楼梯前往二层。同电梯间连为一体的阅览区由两个展示着CBS工作室时代物品的陈列柜来限定空间（图2–27）。

壁炉构成了这一非正式的聚会空间的视觉中心，一条木质长椅沿着阅览区的后墙布置，同时将该区域同私人的用餐区分隔开来。3层大厅和休息区的室内设计、灯具及家具的设计都参考了建筑遗留的一些细节。NeueHouse最大的可用于举办各种活动的露台也位于这一会员专用的楼层。露台上布置有休闲区，私密的小房间，半开放的会议室以及摆放餐饮的长桌（图2–28、图2–29）。

4、5层内提供更多的工作区和私密的工作室，宽敞的董事会房间位于建筑的6层，设计师选用包豪斯风格的家具赋予了室内特有的怀旧感（图2–30）。

图2-27 不同款式的吊灯

图2-28 一条木质长椅沿着阅览区的后墙布置

图2-29 休闲区

图2-30 董事会房间选用了包豪斯风格的家具

03 室内空间的形态设计

3.1 四大基本元素

形是创造良好的视觉效果和空间形象的重要媒介。人们通常将形分为点、线、面、体这四种基本形态，如图3-1所示。在现实空间中，几乎一切可见的物体都是三维的，因此，这四种基本形态的区分也不是固定的、绝对的，而是取决于一定的视野、一定的观察点和它们自身的长、宽、高尺度与比例，以及与周围其他物体的比例关系等因素。通过把握这四种基本形态的特征和美学规律，能帮助我们在室内空间造型设计中有序地组织各种造型元素，创造良好的室内空间形象。

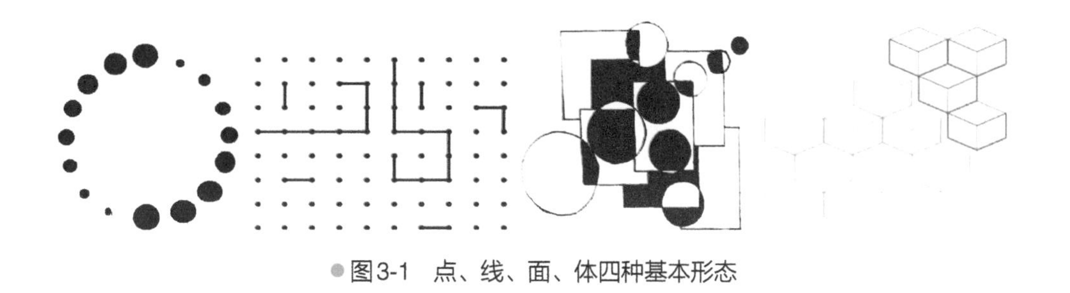

●图3-1 点、线、面、体四种基本形态

3.1.1 点

●图3-2 Happy Hair美发沙龙空间设计

一个点在空间中标明一个位置。在概念上，它没有长、宽、高，因此它是静态的，无方向性的。在室内设计中，较小的形都可以视为点。当一个点处于区域或空间中央时，它往往是稳固的、安定的，并且能将周围其他要素组织起来。当它由中央被挪开时，仍保留着这种以自我为中心的性质，但更趋于动态。在室内环境中，还常常遇到点的组合。有规律排列的点的组合，能给人以秩序感受，反之则给人活泼的感受；有时，点的巧妙组合还能产生一定的导向作用（图3-2）。

3.1.2 线

一个点延伸开来，成为一条线。在概念上，一条线只有单维元次，即长度。在现实中，

●图3-3　西安钟书阁书店——线元素

一条线的长度在视觉上居主导地位。线与点不一样，点是静态的，无方向性；而线则具有表达运动、方向和生长的潜力。在室内设计中，凡长度方向较宽度方向大得多的构件均可以视为线，如室内的梁、柱子、走廊，等等。

水平线能够表达稳定与平衡，给人稳定、舒缓、安静、平和的感受；垂直线能表现一种与重力相均衡的状态，给人向上、崇高、坚韧和理想的感受；斜线可视为正在升起或下滑，暗示着一种运动，在视觉上是积极而能动的，给人以动势和不安定感。曲线表现出一种由侧向力所引起的弯曲运动，更倾向于表现柔和的运动。不同的曲线常给人带来不同的联想，如：抛物线流畅悦目，有速度感；螺旋线有升腾感和生长感；圆弧线则规整稳定，有向心的力量感。一般而言，在室内空间中的曲线总是比较富有变化，可以打破因大量直线而造成的呆板感（图3-3）。

3.1.3 面

一条线在自身方向之外平移时，界定出一个面。在概念上面是二维的，有长度和宽度，但无厚度。面的最基本特性是它的形态，形态由面的边缘轮廓线描绘出来。面还具有颜色、质地和花纹等多种特性。

平面比较单纯，具有直截了当的性格。其中，水平面显得平和宁静，有安定感；垂直面有紧张感，显得高洁挺拔；斜面有动感，效果比较强烈。曲面则常常显得温和轻柔，具有动感和亲切感。其中几何曲面比较有理性，而自由曲面则显得奔放与浪漫。从对空间的限定与导向而言，曲面往往比垂直面有更好的效果。曲面的内侧区域感较明确，给人以安定感，而曲面的外侧，则更多反映出对空间和视线的导向性。

在内部空间中，面所处的位置常常有三处，即顶界面、底界面和侧界面。顶界面可以是屋顶底面，也可以是顶棚面。除了顶界面的不同形状可以造成不同的心理感受之外，顶界面的升降也能形成丰富的空间感觉。底界面即地面，在大部分情况下是水平面；在某些场合下，也可以处理成局部升降或倾斜，以造成特殊的空间效果。底界面往往作为空间环境的背景，发挥烘托其他形体的作用。侧界面主要包括墙面和隔断面，由于它垂直于人的视平线，因此对人的视觉和心理感受的影响极为重要。侧界面的相交、穿插、转折、弯曲等都可以形成丰富的室内景观与空间效果；同时，侧界面的开敞与封闭还会形成不同的空间流通效果与视觉变化（图3-4）。

● 图3-4　荷兰风格派(De Stijl)室内设计作品——面元素

3.1.4 体

一个面沿着非自身表面的方向扩展时，即可形成体。在概念上和现实中，体量均存在于三维空间中。体用来描绘一个体量的外貌和总体结构，一个体所特有的体形是由体量的边缘线和面的形状及其内在关系所决定的。

● 图3-5　孟加拉国服装代理商Trustex Limited办公室空间设计——不同的体元素

体既可以是实体（即实心体量），也可以是虚体（由点、线、面所围合的空间）。体的这种双重性也反映出空间与实体的辩证关系。体能限定出空间的尺寸大小、尺度关系、颜色和质地；同时，空间也预示着各个体。这种体与空间之间的共生关系可以在室内设计的几个尺度层次中反映出来（图3-5）。

3.2 形的心理效应

形状是我们用来区别一种形态不同于另一种形态的根本手段，它参照一条线的边缘、一个面的外轮廓或是一个三维体量的边界而形成。通常情况下，形状都是由线或面的特有外形所确定的，这个外形将体量从它的背景或周围空间中分离出来。形状一般可分为以下几类。

（1）自然形

自然形表现了自然界中的各种形象和体形。这些形状可以被抽象化，这种抽象化的过程往往是一种简化的过程，同时保留了它们天然来源的根本特点（图3-6）。

图3-6　自然形的心理效应

（2）非具象形

非具象形一般是指：不去模仿特定的物体，也不去参照某个特定的主题。有些非具象形是按照某一种程序演化出来的，诸如书法或符号。还有一些非具象形是基于它们的纯视觉素质的几何性和诱发反应而生成的（图3-7）。

图3-7　从汉字“几”演化的茶几形态

（3）几何形

在建筑设计和室内设计中使用最频繁的几何形主要有：直线型与曲线型两种，曲线中的圆形和直线中的多边形是其中最规整的形态。在所有几何形中，最醒目的有圆形、三角形和正方形，推广到三维形体中就生成了球体、圆柱体、圆锥体、方锥体与立方体。

圆形是一种紧凑而内向的形状，这种内向一般是对着圆心的自行聚焦。它表现了形状的一致性、连续性和构成的严谨性。圆的形状通常在周围环境中是稳定的，且以自我为中心。当与其他线形或其他形状协同时，圆形可能显出分离的趋势。曲线或曲线形都可以看作是圆形的片段或圆形的组合。无论是有规律的或无规律的曲线形都有能力去表现柔软的形态、流畅的动作以及生物繁衍生长的特性。

从纯视觉的观点看，当三角形站立在它的一条边上时，给人的感觉比较稳定；然而，当它伫立于某个顶点时，三角形就变得动摇起来。当趋于倾斜向某一条边时，它也可处于一种不稳状态或动态之中。三角形在形状上的能动性也取决于它三条边的角度关系。由于它的三个角是可变的，三角形比正方形和矩形更加灵活多变。此外，在设计中比较容易将三角形进行组合，以形成方形、矩形以及其他各种多边形。

正方形表现出纯正与理性，它的四个等边和四个直角使正方形显现出规整和视觉上的精密与清晰性。正方形并不暗示也不指引方向。当正方形放置在自己的某一条边上时，是一个平稳而安定的图形；当它伫立于自己的一个顶角上时，则转而成为动态。各种矩形都可被看成是正方形在长度和宽度上的变体。尽管矩形的清晰性与稳定性可能导致视觉的单调乏味，但借助于改变它们的大小、长宽比、色泽、质地、布局方式和方位，就可取得各种变化。在室内设计中，正方形和矩形显然是最规范的形状，它们在测量、制图与制作上都很方便，而且实施也比较容易（图3-8）。

图3-8　几何形的心理效应

3.3 室内设计形式美法则

3.3.1 对比与统一

居室空间的功能繁多，人们需要大量的家具、设备来满足日常活动和储藏的需要，加上家庭成员的喜好不同，如何让家具、设备与顶地墙的搭配和谐统一是值得设计师考虑的问题。

对比是指两个以上的要素之间存在差异，对比可以通过彼此之间的烘托来突出各自的特点，没有对比会使人感到单调，过分强调对比则失去和谐之感，使人感觉混乱。要素之间的对比主要体现在它们同一属性之间的差异，如形状、尺度、造型、颜色、材质、风格等属性；而要素之间的融合程度取决于它们各属性的相似程度。如图3-9所示，布达佩斯Baobao包子店室内空间设计，灯具、餐桌及包子蒸笼的材质、形状与纹理形成了对比与统一。

图3-9　布达佩斯Baobao包子店室内空间设计

3.3.2 均衡和稳定

从原始社会开始，人类就从动植物造型的均衡与对称中得到了美的感受，从古至今，织物、陶器、书法、国画等大量的艺术品都是用对称与均衡的形式美法则去进行创作的。中国的古典园林是均衡美的代表，法国的古典园林则是对称美的代表，它们异曲同工，都获得了稳定的视觉效果。

现代室内功能日趋复杂，室内空间的布置很难做到完全对称，所以往往采用均衡的手法让空间处于一种自然、和谐、安全、安宁的稳定状态，满足人们对居室空间的心理需求。

均衡要求空间形态在人们的心理上达到一种视觉平衡的稳定关系，让空间各个角落的视觉重量相对均等。上小下大、上轻下重、上浅下深是制造空间稳定感的常规法则，但随着新材料、新技术的引入，如今的设计手法越来越丰富，通过对各物体材质、肌理、色彩、照明进行综合处理，让空间在均衡与稳定的基础上，承载设计师和主人更多的激情与想象，让设计轻松随意而又不失个性。

如图3-10所示，书房空间里书架的立面造型与顶棚的矩形造型相切合，左侧深红色的圆柱与顶棚深红色的长方体的梁架相呼应，既打破了绝对的空间对称，又能营造均衡的视觉效果。

●图3-10　书房设计

3.3.3 比例与尺度

人们对不同功能的空间环境有着不同的尺度要求，在空间尺度满足功能需求的基础上，人们常通过对空间体量与尺度的处理，营造独特的心理感受。例如教堂、佛寺等宗教空间往往很高大，给人神秘、庄严之感。空间对于人们的心理有很强的暗示与影响作用，设计师往往利用这一点来创造适合人们心理需求的空间。

家是一个让人们休息、调整、交流情感、释放自我的空间，我们需要一个安全、舒适、放松、温馨的室内环境。所以空间的比例和尺度必须为人们的生理和心理需求服务。一切造型艺术都需要有和谐的比例关系。从几何学的角度讲，比例就是物体长、宽、高三个方向之间的量度关系问题，在居室空间中，比例主要指空间与界面之间、界面与界面之间、家具与界面之间、家具与家具之间的体量关系。这些要素之间相互制约，在室内空间中，应以空间体量和人的体量为参考，决定空间界面和家具陈设的体量。例如小空间中，摆放大尺度的沙发，会让空间显得局促、拥挤，也会影响人们在空间中的活动。

尺度是指物体的相对尺寸关系，涉及具体的大小和尺寸，而比例仅仅指各部分的数量关系之比，不涉及具体尺寸。尺度包含人体尺度和功能尺度，当空间中的物体尺寸不合乎人体尺度和肢体活动的尺寸范围时，我们会感觉到不舒适，说明此空间尺度的把握存在问题。儿童房的尺度应该较成年人适当缩小，不仅能满足儿童的活动需要，还能营造出亲切温馨的氛围，如图3-11所示。

图3-11　儿童房设计

3.3.4 主从与重点

室内空间尤其是居室空间中的元素纷繁复杂，如何突出重点，层次分明，是保证空间统一性的重要前提。如果每个元素都竞相突出自己，不分主次，那么空间将会变得毫无重点，显得松散凌乱，失去原本的风格特点。所以在空间设计时，从空间组织到家具陈设，必须注重主从关系与重点元素的把握。

图3-12　书房书橱的设计

首先，选择什么样的元素作为视觉焦点是设计师面临的首要问题。视觉焦点往往是空间中的点睛之笔，所以我们一般选择能够强调空间风格的主体家具、点明主题的陈设、精致细腻的艺术品等作为重点表现对象。

在选定好重点表现对象后，设计师需要思考的是如何处理好主角与配角，主景与背景的关系。方法例如：将表现主体放在空间的视觉中心或突出位置；采用较大的尺度，形成视觉冲击，让空间中的其他元素自然处于从属的位置；采用颜色的对比凸显主体，将主体醒目的色彩置于大面积淡雅的色彩背景之下，或将主体和背景形成对比色关系；利用材质的质感差异，将主体与背景拉开距离；主体采用独特、动感的造型；采用重点照明突出主体等。如图3-12所示，占有一整面墙的原木色书架是空间的视觉重点。面积各异、虚实结合的立方格子显得生动有趣，沙发、地毯和座椅的颜色与书架相呼应，又不喧宾夺主。

3.3.5 韵律和节奏

节奏这个概念多出现在音乐中，音高和节奏构成了旋律，旋律可以理解为设计中的韵律。自然界中水波纹的涟漪、层层递进的梯田等都是韵律与节奏的体现。在建筑设计中，建筑的高低错落、疏密变化，都有着节奏韵律。

在室内空间设计中，节奏与韵律的运用也十分普遍，不同的节奏韵律给人们不同的生理及心理感受。节奏的特点是某些元素呈周期性的规律延续，这些元素可以是形状、大小、颜色、肌理等。元素的节奏与韵律表现的形式如下。

（1）连续韵律

指一种或几种元素连续、重复的排列而形成的韵律，各个元素之间保持着恒定的距离和关系，从始至终保持高度的统一。连续韵律往往给人规整、统一、大气的感觉，但过度使用会给人单调之感。

如图3-13、图3-14所示，当重复的元素完全相同时，会给人相对严肃、整齐的序列感，当重复的元素相似时，则会产生动活泼的节奏感。

● 图3-13　完全相同的顶梁架

● 图3-14　书架由不同颜色和大小的格子组成

（2）渐变韵律

把连续重复的元素按照一定的秩序进行缩放，例如逐渐变宽、变窄、变大、变小，就能产生出一种有规律的、渐变的节奏韵律，使得空间如同跳跃的音符，连续韵律的空间活泼而动感。

（3）起伏韵律

如果将连续韵律按照一定的规律时而增加、时而减小，对不同秩序进行规律性的组织协调，会获得更加丰富的韵律起伏。对空间韵律的整合就像在谱写一首完整的歌曲，时而高亢紧凑，时而低沉缓慢，通过节奏和韵律的变化表达预定的主题（图3-15）。

图3-15　黑与白的交响乐——俄罗斯Dominion办公楼设计

案例

台北白石画廊室内设计

白石画廊自1967年以东京为中心于银座创立画廊以来，持续作为艺术业界中的少数而极具先驱性地存在着。2017年4月在台北开设的白石画廊（Whitestone Gallery）邀请日本建筑师隈研吾先生操刀设计，呈现出具革新性的当代艺术展示空间。

隈研吾（Kengo Kuma）以“负建筑”设计享誉盛名，在拿下2020年东京奥运主场馆设计后，更加奠定他国际级的建筑师地位，近年来，隈研吾不论规模大小，持续在世界各地留下精彩的空间创作，用具标志性的设计手法传达与自然和谐之理念。

●图3-16　台北白石画廊室内设计

台北白石画廊是隈研吾首度进行画廊空间设计（图3-16），他为台北白石画廊进行的定位是：尝试创作一项既不属于建筑，也非室内设计的作品。位于内湖采风国际大楼1~2楼的案场，自然非建筑范畴，然而，精于天然素材运用与结构计算的负建筑大师，仍将有机建筑理念注入室内装修与家具设计，透过水平排列的桧木木材制造凹凸构筑，让空间“长”出生命力蓬勃的门面，吸引路人走进都市森林“深”入探询，体验现代、当代艺术的一步一境界。

正如隈研吾所表达的，“我不只希望设计画廊空间，连同卧榻、书架、楼梯……都用相同语汇一气呵成，尽管材料相同，但不断调整、改变角度，也能产生不同氛围，孕育各式各样的活动空间。就如同人的脸孔，我不只帮画廊做表面设计，也包括厚度与深度。”

3.4 室内空间常见的处理方式

3.4.1 分隔

室内装饰设计首先要进行的是空间组合，这是室内空间设计的基础。而各空间关系除了有一定的联系，也有各自的独立性，这主要是通过分隔的方式来体现的。采取什么样的分隔方式，既要根据空间特点及功能要求，又要考虑艺术特点及心理要求。从人的感受和物体自身视觉特性变化来看，在无遮挡的室内，出现凹进或凸出，或远离墙的物体或天棚悬挂物及楼地面、墙面等材料变化、照明方式等，都在人的视域中构成一个序列空间和吸引人们向前的标志。因此，一个房间的分隔可以按功能要求作多种处理。我们日常生活中常见的处理方式随着应用的物质材料多样化。立体的、平面的、相互穿插的、上下交叉的，加上采光、照明的光影、明暗、虚实、陈设的繁简以及空间曲折、大小、高低和艺术造型等手法，都能产生形态繁多的分隔形式，归纳为下列四种方式。

●图3-17　北京BestBlack展示空间

●图3-18　儿童保育和学习中心

（1）绝对分隔

由承重墙、到顶的轻质隔墙分隔出界限明确、限定度高、空间封闭的分隔形式称为绝对分隔。其优点是隔声良好，视线完全阻断，温度稳定，私密性好，抗干扰性强，安静；其缺点是空间较为封闭，与周围环境流动性差（图3-17）。

（2）局部分隔

用片段的面（屏风、翼墙、较高的家具、不到顶的隔墙等）来对空间进行划分的分隔形式称为局部分隔。限定度的大小强度因界面的高低、大小、形态、材质而不同。局部分隔的特点是对空间有分隔效果但不十分明确，被分隔空间之间界限不大分明，有流动的效果（图3-18）。

（3）象征性分隔

用片段、低矮的面、家具、水体、悬垂物、色彩、材质、光线、高差、音响、气味等因素，还有柱杆、花格、构架、玻璃等通透隔断来分隔空间的分隔形式称为象征性分隔。

这种分隔方式的限定度很低，空间界面模糊，侧重于心理效应，调动人的联想，追求似有似无的效果，具有象征性。这种分隔方式是隔而不断，似隔似断，层次丰富，流动性强，强调意境及氛围的营造（图3-19）。

图3-19 以色列Luxottica集团办公室

（4）弹性分隔

利用拼装式、折叠式、升降式、直滑式等活动隔断和家具，以及陈设帘幕等分隔空间，可以根据使用要求随时移动或启闭，空间也就随之或大或小，或分或合。这种分隔方式称为弹性分隔，这样分隔的空间称为弹性空间或灵活空间。其优点是灵活性好，操作简便（图3-20）。

图3-20 孟买Studio 5B设计中心办公空间

3.4.2 裁剪

众所周知，现代建筑室内空间大多是90°的矩形空间。为了破除方正空间四平八稳、死气沉沉的呆板形象，有个性的家居主人可采用裁剪的手法，用弧线、折线、曲线、斜线或三角形、圆形、倾斜界面、穹顶等多种方式裁剪空间，破除对称感，倾情演绎个性魅力（图3-21）。

图3-21 成都IRIS意丽斯瓷砖专卖店

现在很多居室内客厅和餐厅连在一起，如果用“强硬”手段将其分割，会影响人的视觉感受，因此可以用曲线吊顶、灯光和地砖的颜色将其分割开来。客厅运用流畅的天花曲线，会给人行云流水般的美感，同时要注意与功能性有机地结合。在餐厅的顶部用一圆形的设计将客厅和餐厅分隔开来。客厅应选用较柔和

●图3-22　卉咖啡生活馆

●图3-23　地面进行高差处理的室内空间设计

的光线，宜人的灯光可以创造浪漫的气氛。而餐厅则要选用较强的区域灯光，使餐厅笼罩在温馨的氛围中。

3.4.3 切断

用到顶的家具和墙体等限定度高的实体来划分空间，称切断。切断的处理，排除了噪声和干扰，私密度和独立性非常高，但同时也降低了与周围环境的交融性，它适用于书房、卧室等私密性要求高的空间（图3-22）。

3.4.4 通透

对分割和切断而言，通透是一种反向的空间处理方式，它是指将原来分割空间的界面全部或部分除去。这种处理方式对结构不合理的旧楼重新装修时较常使用（当然不能破坏建筑物的承重结构）。通过完全打通、部分打通或挖去部分隔墙的手法，来拓展空间、扩大视野，引室外园景入内，让光线、视线、空气在无阻碍中自由融合。这种处理方式可消除窒息感和压迫感，使空间更具延伸性、互动性和流畅性，但不容易操作。

3.4.5 高差

高差包括部分抬高或降低地面，也包括部分抬高或降低顶面。通过对地面的高差处理，可实现转换空间、界定功能，使人产生错落有致的主体感（往往要诉诸个人心理）；通过对顶面的高差处理可增强空间立体层次感，也可丰富灯光的艺术效果。

例如，很多家庭的卧室需要划分出学习空间，较好的方法是使用地台分割，用地台的造型划分出学习区域，并且结合灯光的运用明确其功能性。休息区域宜用较柔和的光线，给人以朦胧感。学习区域的灯光应选用区域照明，不宜过亮，以免影响家人休息（图3-23）。

3.4.6 凹凸

对空间和界面进行凹凸的处理，可实现一些特定功能，如古董、雕塑、工艺品的陈设；取暖、通风、排水设备的隐藏；杂物的储藏，以及一些特殊效果的照明。凹凸既可以满足功能要求，又能丰富空间视觉体验，可达到形式与内容的完美统一。

如有大玻璃窗的大房间，可在窗的一边用花架或盆栽隔一个休息会客的空间，会产生生机盎然、青翠满目的效果（图3-24）。

● 图3-24　苏州HEHOMME高级定制中心店

3.4.7 借景

借景是一种惯用手法。利用格窗、门扉、卷帘、门洞，将室外景色引入室内，调节景观，拓展空间，创造迂回曲折的感觉，使有限的空间产生无限的视觉体验（图3-25、图3-26）。

● 图3-25　杭州MondayMonday花艺工作室

● 图3-26　德国Hof酒店餐厅设计——轻色在上，重色在下

04 室内色彩设计

4.1 色彩的本质及属性

4.1.1 色彩的本质

色彩感觉信息传输途径是光源、彩色物体、眼睛和大脑，也就是人们色彩感觉形成的四大要素。这四个要素不仅使人产生色彩感觉，而且也是人能正确判断色彩的条件。在这四个要素中，如果有一个不确实或者在观察中有变化，就不能正确地判断颜色及颜色产生的效果。因此，当我们在认识色彩时并不是在看物体本身的色彩属性，而是将物体反射的光以色彩的形式进行感知。如图4-1所示为人的色彩感知过程。

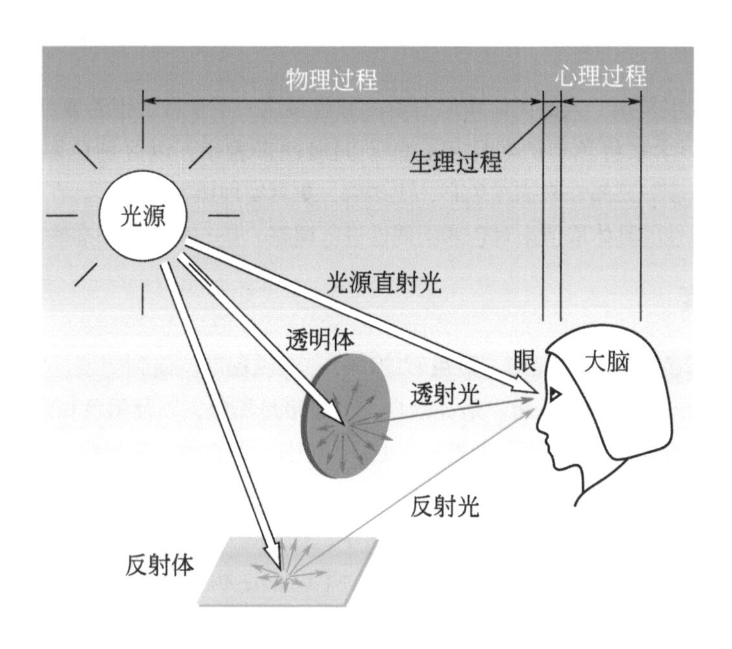

● 图4-1　人的色彩感知过程

色彩可分为无彩色和有彩色两大类。对消色物体来说，由于对入射光线进行等比例的非选择吸收和反（透）射，因此，消色物体无色相之分，只有反（透）射率大小的区别，即明度的区别。明度最高的是白色，最低的是黑色，黑色和白色属于无彩色。在有彩色中，红色、橙色、黄色、绿色、蓝色、紫色六种标准色比较，它们的明度是有差异的。黄色明度最高，仅次于白色，紫色的明度最低，和黑色相近。如图4-2所示可见光光谱线。

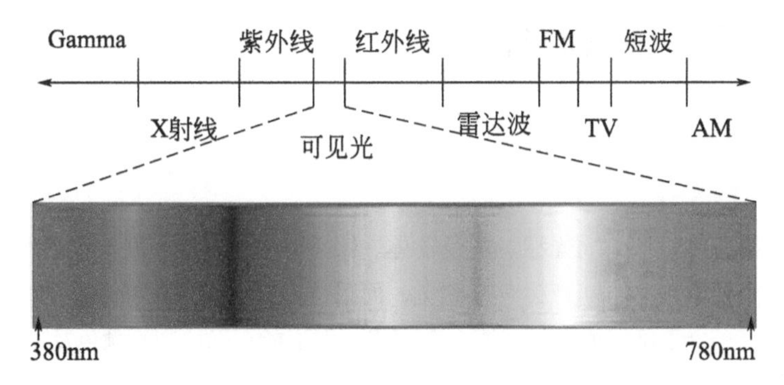

图4-2　可见光光谱线

4.1.2 色彩的属性

有彩色表现很复杂，人的肉眼可以分辨的颜色多达一千多种，但若要细分差别却十分困难。因此，色彩学家将色彩的名称用它的不同属性来表示，以区别色彩的不同。用“明度”“色相”“纯度”三属性来描述色彩，更准确、更真实地概括了色彩。在进行色彩搭配时，参照三个基本属性的具体取值来对色彩的属性进行调整，是一种稳妥和准确的方式。

4.1.2.1　明度

明度，是指色彩的明暗程度，即色彩的亮度、深浅程度。谈到明度，宜从无彩色入手，因为无彩色只有一维，很好分辨。最亮是白色，最暗是黑色，以及黑色和白色之间不同程度的灰色，都具有明暗强度的表现。若按一定的间隔划分，就构成明暗尺度。有彩色即靠自身所具有的明度值，也靠加减灰、白调来调节明暗。例如，白色颜料属于反射率相当高的物体，在其他颜料中混入白色，可以提供混合色的反射率，也就是提高了混合色的明度。混入白色越多，明度提高得越多。相反，黑色颜料属于反射率极低的物体，在其他颜料中混入黑色越多，明度就越低（图4-3）。

明度在三要素中具有较强的独立性，它可以不带任何色相的特征而通过黑白灰的关系单

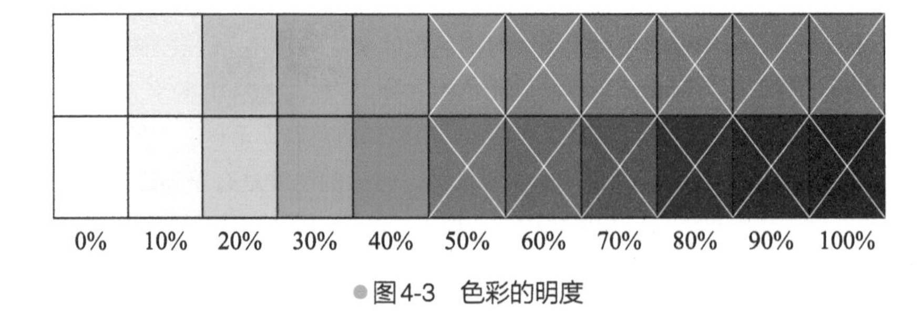

图4-3　色彩的明度

独呈现出来。色相与纯度则必须依赖一定的明暗才能显现，色彩一旦发生，明暗关系就会同时出现，在绘制一幅素描的过程中，需要把对象的有彩色关系抽象为明暗色调，这就需要有对明暗的敏锐判断力。

4.1.2.2 色相

有彩色就是包含了彩调，即红色、黄色、蓝色等几个色族，这些色族便叫色相。

色彩像音乐一样，是一种感觉。音乐需要依赖音阶来保持秩序，而形成一个体系。同样的，色彩的三属性就如同音乐中的音阶一般，可以利用它们来维持繁多色彩之间的秩序，形成一个容易理解又方便使用的色彩体系。所有的色可排成一环形，这种色相的环状配列，叫作“色相环”，用色相环进行配色非常方便，可以了解两色彩间有多少间隔。

色相环是怎么形成的呢？以12色相环为例，色相环由12种基本颜色组成。首先包含的是色彩三原色（Primary Colors），即红色、黄色、蓝色。原色混合产生了二次色（Secondary Colors），用二次色混合，产生了三次色（Tertiary Colors）。

原色是色相环中所有颜色的“父母”。在色相环中，只有这三种颜色不是由其他颜色混合而成。三原色在色环中的位置如图4-4所示。

二次色则位于两种三原色一半的地方。每一种二次色都是由离它最近的两种原色等量混合而成的（图4-5）。

三次色是由相邻的两种二次色混合而成（图4-6）。

在色相环中的每一种颜色都拥有部分相邻的颜色，如此循环成一个色环。共同的颜色是颜色关系的基本要点。如图4-7所示，在这七种颜色中，都共同拥有蓝色。离蓝色越远的颜色，如草绿色，包含的蓝色就越少。绿色及紫色这两种二次色都含有蓝色。

如图4-8所示，在这七种颜色中，都拥有黄色。同样的，离黄色越远的颜色，拥有的黄色就越少。绿色及橙色这两种二次色都含有黄色。

如图4-9所示，在这七种颜色中，都拥有红色。向两边散开时，红色就含得越少。橙色及紫色这两种二次色都含有红色。

红色、橙色、黄色、绿色、蓝色、紫色为基本色相。在各色中间加插一两个中间色，其头尾色相，按光谱顺序为红色、橙红色、黄橙色、黄色、黄绿色、绿色、绿蓝色、蓝绿色、蓝色、蓝紫色、紫色、红紫色。这十二色相的彩调变化，在光谱色感上是均匀的。如果进一步再找出其中间色，便可以得到二十四个色相。在色相环的圆圈里，各彩调按不同角度排列，则十二色相环每一色相间距为30°（图4-10）。二十四色相环每一色相间距为15°。

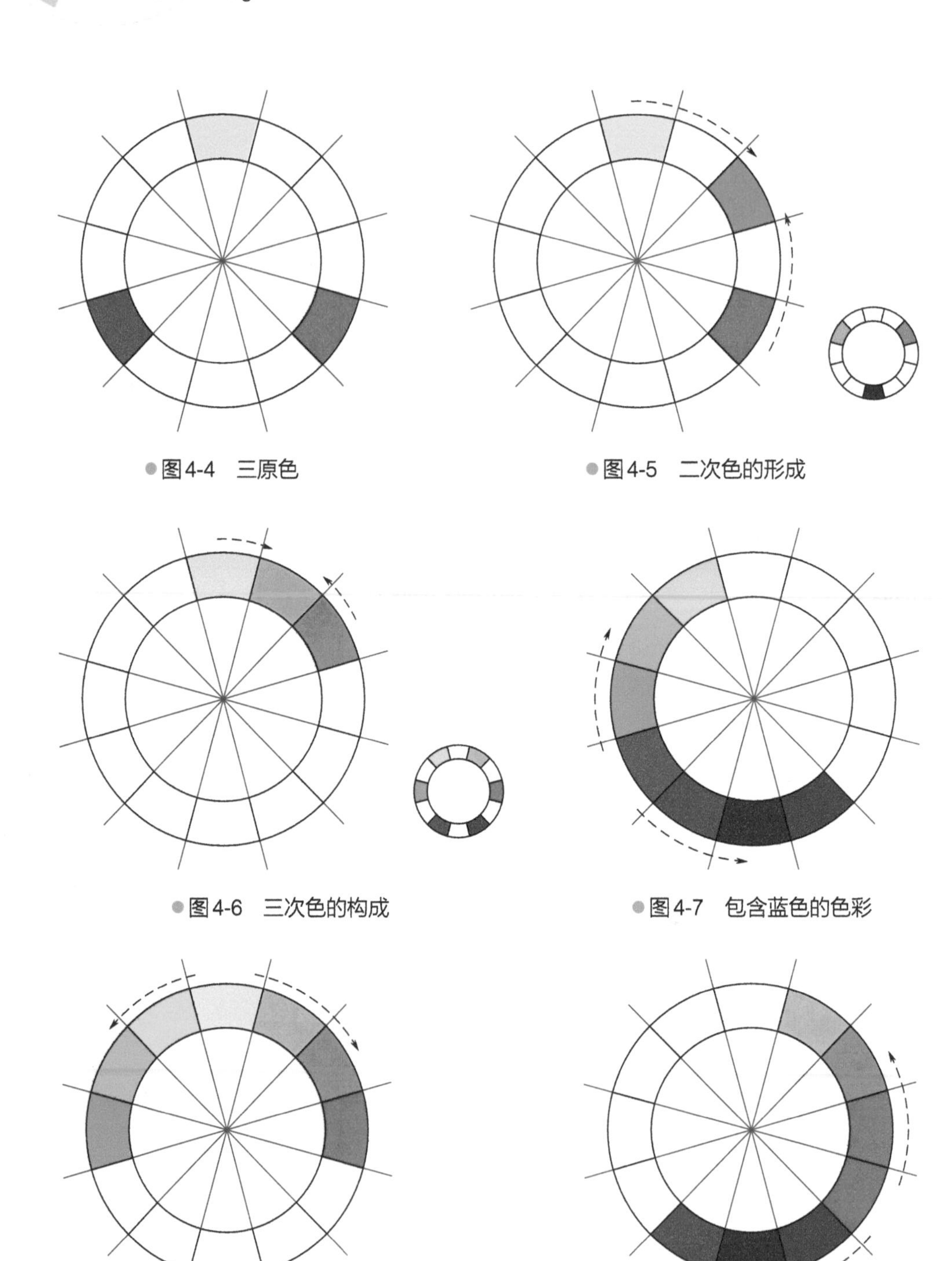

图4-4　三原色

图4-5　二次色的形成

图4-6　三次色的构成

图4-7　包含蓝色的色彩

图4-8　包含黄色的色彩

图4-9　包含红色的色彩

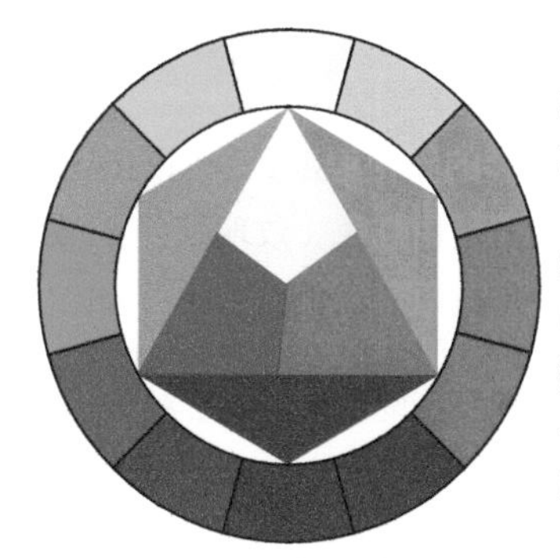

最外圈的色环，由纯色光谱秩序排列而成；
当中一圈是间色：橙色绿色、紫色；
中心部分是三原色：红色、黄色、蓝色；
各色之间，呈直线对应的就是互补色关系。

● 图4-10　色相环

日本色研配色体系PCCS给出了较规则的统一色相名称和符号。成为人类色觉基础的主要色相有红、黄、绿、蓝四种色相，这四种色相又称心理四原色，它们是色彩领域的中心。这四种色相的相对方向确立出四种心理补色色彩，在上述的8个色相中，等距离的插入4种色彩，成为12种色彩的划分。在上述8个色相中，等距离地插入 4 种色相，成为12种色相。再将这12种色相进一步分割，成为24个色相。在这24个色相中包含了色光三原色，泛黄的红、绿、泛紫的蓝和色料三原色红紫、黄、蓝绿这些色相。色相采用1 ~ 24的色相符号加上色相名称来表示。把正色的色相名称用英文开头的大写字母表示，把带修饰语的色相名称用英语开头的小写字母表示。例如：1 ∶ pR、2 ∶ R、3 ∶ rR（图4-11）。

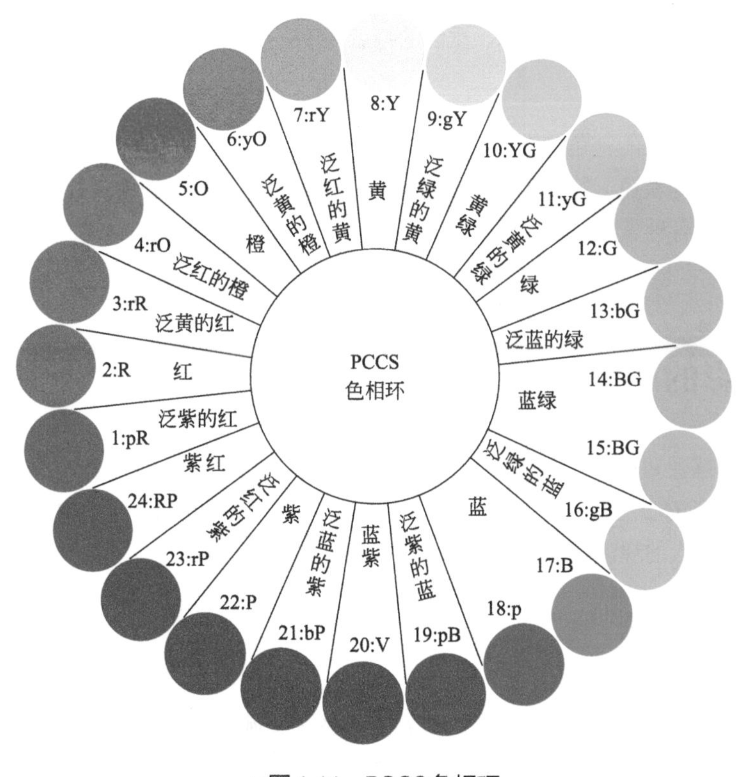

● 图4-11　PCCS色相环

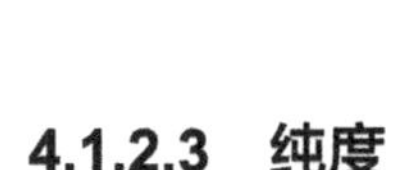

4.1.2.3 纯度

色彩的纯度是指色彩的鲜艳程度，我们的视觉能辨认出的有色相感的色，都具有一定程度的鲜艳度。所有色彩都是由红色（玫瑰红色）、黄色、蓝色（青色）三原色组成，原色的纯度最高，色彩纯度应该是指原色在色彩中的百分比。

色彩可以由以下四种方法降低其纯度。

（1）加白色

纯色中混合白色，可以降低纯度、提高明度，同时各种色混合白色以后会产生色相偏差。

（2）加黑色

纯色混合黑色既降低了纯度，又降低了明度，各种颜色加黑色后，会失去原有的光亮感，而变得沉着、幽暗。

（3）加灰色

纯度混入灰色，会使颜色变得浑厚、含蓄。相同明度的灰色与纯色混合，可得到相同明度、不同纯度的含灰色，具有柔和、软弱的特点。

（4）加互补色

纯度可以用相应的补色掺淡。纯色混合补色，相当于混合无色系的灰色，因为一定比例的互补色混合产生灰色，如黄色加紫色可以得到不同的灰黄色。如果互补色相混合再用白色淡化，可以得到各种微妙的灰色。

4.2 色彩的心理感受

人们常常感受到色彩对自己心理的影响，这些影响总是在不知不觉中发生作用，左右我们的情绪。色彩的心理效应发生在不同层次中，有些属直接刺激，有些要通过间接的联想，更高层次则涉及人的观念与信仰。

人们的切身体验表明，色彩对人们的心理活动有着重要影响，特别是和情绪有非常密切的关系。

在我们的日常生活、文娱活动、商业活动等各种领域都有各种色彩影响着人们的心理和情绪。各种各样的人：古代的统治者、现代的企业家、艺术家、广告商等都在自觉不自觉地应用色彩来影响、控制人们的心理和情绪。人们的衣、食、住、行也无时无刻不体现着对色彩的应用：夏天穿上湖蓝色衣服会让人觉得清凉；人们把肉类做成酱红色，会更有食欲。颜色之所以能影响人的精神状态和心绪，在于颜色源于大自然的先天的色彩。

心理学家认为，人的第一感觉就是视觉，而对视觉影响最大的则是色彩。人的行为之所以受到色彩的影响，是因人的行为很多时候容易受情绪的支配。颜色之所以能影响人的精神状态和心绪，在于颜色源于大自然的先天的色彩，蓝色的天空、鲜红的血液、金色的太阳……看到这些与大自然先天的色彩一样的颜色，自然就会联想到与这些自然物相关的感觉体验，这是最原始的影响。这也可能是不同地域、不同国度和民族、不同性格的人对一些颜色具有共同感觉体验的原因。

人们对色彩与人的心理情绪关系的科学研究发现，色彩对人的心理和生理都会产生影响。国外科学家研究发现：在红光的照射下，人们的脑电波和皮肤电活动都会发生改变。在红光的照射下，人们的听觉感受性下降，握力增加。同一物体在红光下看要比在蓝光下看显得大些。在红光下工作的工人比其他环境下工作的工人反应快，可是工作效率反而低。

再例如，粉红色象征健康，是女性最喜欢的色彩，具有放松和安抚情绪的效果。有报告称，在美国西雅图的海军禁闭所、加利福尼亚州圣贝纳迪诺市青年之家、洛杉矶退伍军人医院的精神病房、南布朗克斯收容好动症儿童学校等处，都观察到了粉红色安定情绪的明显效果。例如，把一个狂躁的病人或罪犯单独关在一间墙壁为粉红色的房间内，被关者很快就安静下来；一群小学生在内壁为粉红色的教室里，心率和血压有下降的趋势。

绿色能提高效益，消除疲劳。与红色相反，绿色则可以提高人的听觉感受性，有利于思考的集中，提高工作效率，消除疲劳。还会使人减慢呼吸，降低血压，但是在精神病院里单调的颜色，特别是深绿色，容易引起精神病人的幻觉和妄想。

此外，其他颜色，如橙色，在工厂中的机器上涂上橙色要比原来的灰色或黑色更好，可以使生产效率提高，事故率降低。可以把没有窗户的厂房墙壁涂成黄色，这样可以消除或减轻单调的手工劳动给工人带来的苦闷情绪。

4.2.1 色彩的温度感

冷色与暖色是依据心理错觉对色彩的物理性分类，对于颜色的物质性印象，大致由冷暖两个色系产生。波长长的红色光和橙色、黄色光，本身有暖和感，以此光照射到任何色都会有暖和感。相反，波长短的紫色光、蓝色光、绿色光，有寒冷的感觉。夏日，我们关掉室内

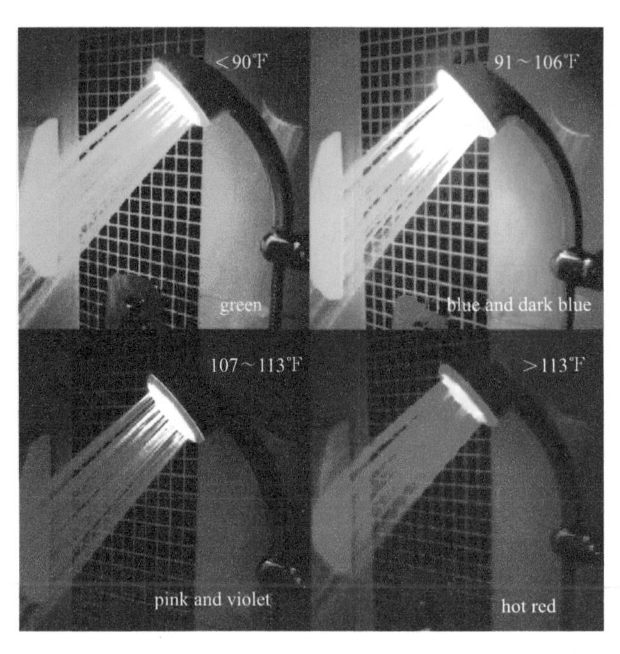

●图4-12　色彩的温度感

的白炽灯光，打开日光灯，就会有一种变凉爽的感觉。

冷色与暖色除去给我们以温度上的不同感觉外，还会带来其他的一些感受。例如，重量感、湿度感等。例如，暖色偏重，冷色偏轻；暖色有密度强的感觉，冷色有稀薄的感觉；两者相比较，冷色的透明感更强，暖色则透明感较弱；冷色显得湿润，暖色显得干燥；冷色有退远的感觉，暖色则有迫近感。这些感觉都是偏向于对物理方面的印象，但却不是真实的，而是受人们的心理作用而产生的主观印象，它属于一种心理错觉。

红色、橙色、黄色常常使人联想到旭日东升和燃烧的火焰，因此有温暖的感觉；蓝青色常常使人联想到大海、晴空、阴影，因此有寒冷的感觉；凡是带红色、橙色、黄色的色调都带暖感；凡是带蓝色、青色的色调都带冷感。色彩的冷暖与明度、纯度也有关。高明度的色彩一般有冷感，低明度的色彩一般有暖感。高纯度的色彩一般有暖感，低纯度的色彩一般有冷感。无彩色系中白色有冷感，黑色有暖感，灰色属中性（图4-12）。

4.2.2 色彩的轻重感

物体表面的色彩不同，看上去也有轻重不同的感觉，这种与实际重量不相符的视觉效果，称为色彩的轻重感。感觉轻的色彩称为轻感色，如白色、浅绿色、浅蓝色、浅黄色等；感觉重的色彩称为重感色，如藏蓝色、黑色、棕黑色、深红色、土黄色等。

色彩的轻重感一般由明度决定。高明度具有轻感，低明度具有重感；白色最轻，黑色最重；低明度基调的配色具有重感，高明度基调的配色具有轻感。

明度高的色彩使人联想到蓝天、白云等。产生轻柔、飘浮、上升、敏捷、灵活等感觉。

明度低的色彩使人联想到钢铁、石头等物品，产生沉重、沉闷、稳定、安定、神秘等感觉。色彩给人的轻重感觉在不同行业的网页设计中有着不同的表现。例如，工业、钢铁等重工业领域可以用重一点的色彩；纺织、文化等科学教育领域可以用轻一点的色彩。色彩的轻重感主要取决于明度上的对比，明度高的亮色感觉轻，明度低的暗色感觉重。另外，物体表面的质感效果对轻重感也有较大影响。

在网站设计中，还应注意色彩轻重感的心理效应，如网站上白下黑、上素下艳，就有一种稳重沉静之感；相反上黑下白、上艳下素，则会使人感到轻盈、失重，有不安的感觉，遵循这样的感觉是很重要的（图4-13）。

图4-13 色彩的轻重感

4.2.3 色彩的软硬感

与色彩的轻重感类似，软硬感和明度有着密切关系。通常说来，明度高的色彩给人以软感，明度低的色彩给人以硬感。此外，色彩的软硬也与纯度有关，中纯度的颜色呈软感，高纯度和低纯度色呈硬感。强对比色调具有硬感，弱对比色调具有软感。从色相方面色彩给人的轻重感觉为，暖色黄色、橙色、红色给人的感觉轻，冷色蓝色、蓝绿色、蓝紫色给人的感觉重。

色彩的软硬感觉为，凡感觉轻的色彩给人的感觉均为软而有膨胀的感觉。凡是感觉重的色彩给人的感觉均硬而有收缩的感觉。

在设计中，可利用此特征来准确把握服装色调。在女性服装设计中为体现女性的温柔、优雅、亲切宜采用软色，但一般的职业装或特殊功能服装宜采用硬感色（图4-14）。

图4-14 色彩的软硬感

4.2.4 色彩的距离感

色彩的距离与色彩的色相、明度和纯度都有关。人们看到明度低的色感到远，看明度高的色感到近，看纯度低的色感到远，看纯度高的色感到近，环境和背景对色彩的远近感影响很大。在深底色上，明度高的色彩或暖色系色彩让人感觉近；在浅底色上，明度低的色彩让人感觉近；在灰底色上，纯度高的色彩让人感觉近；在其他底色上，使用色相环上与底色差120°～180°的“对比色”或“互补色”，也会让人感觉近。色彩给人的远近感可归纳为：暖的近，冷的远；明的近，暗的远；纯的近，灰的远；鲜明的近，模糊的远；对比强烈的近，对比微弱的远。如同等面积大小的红色与绿色，红色给人以前进的感觉，而绿色则给人以后退的感觉（图4-15）。

图4-15　色彩的前进与后退

图4-16　色彩搭配的距离感

同样，我们改变色彩的搭配，在绿色底上放置一小块的红色，这时我们会看到截然不同的效果，红色出现后退，绿色则变为前进，而这实际是暖色、中性色及冷色给人在视觉上的差别（图4-16）。

4.2.5 色彩的强弱感

色彩的强弱决定色彩的知觉度，凡是知觉度高的明亮鲜艳的色彩具有强感，知觉度低下的灰暗的色彩具有弱感。色彩的纯度提高时则强，反之则弱。色彩的强弱与色彩的对比有关，对比强烈鲜明则强，对比微弱则弱。有彩色系中，以波长最长的红色为最强，波长最短的紫色为最弱。有彩色与无彩色相比，前者强，后者弱（图4-17）。

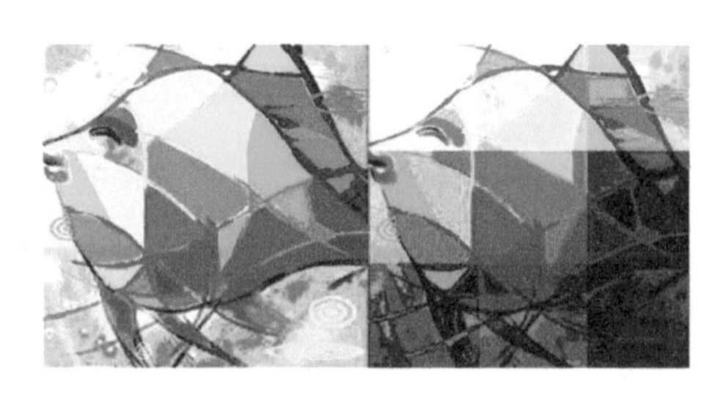

图4-17　色彩的强弱感

4.2.6 色彩的舒适与疲劳感

色彩的舒适与疲劳感实际上是色彩刺激视觉生理和心理的综合反应。红色刺激性最大，容易使人产生兴奋，也容易使人产生疲劳。凡是视觉刺激强烈的色或色组都容易使人疲劳，反之则容易使人舒适。绿色是视觉中最为舒适的色，因为它能吸收对眼睛刺激性强的紫外线，当人们用眼过度产生疲劳时，多看看绿色植物或到室外树林、草地中散散步，可以帮助消除疲劳。一般地讲，纯度过强，色相过多，明度反差过大的对比色组容易使人疲劳。但是过分暧昧的配色，由于难以分辨，视觉，也容易使人产生疲劳（图4-18）。

● 图4-18　色彩的舒适与疲劳感

4.2.7 色彩的沉静与兴奋感

色彩的兴奋与沉静取决于刺激视觉的强弱。在色相方面，红色、橙色、黄色具有兴奋感，青色、蓝色、蓝紫色具有沉静感，绿色与紫色为中性。偏暖的色系容易使人兴奋，即“热闹”；偏冷的色系容易使人沉静，即“冷静”。在明度方面，高明度之色具有兴奋感，低明度之色具有沉静感。在纯度方面，高纯度之色具有兴奋感，低纯度之色具有沉静感。色彩组合的对比强弱程度直接影响兴奋与沉静感，强者容易使人兴奋，弱者容易使人沉静（图4-19）。

● 图4-19　色彩的沉静与兴奋感

4.2.8 色彩的明快与忧郁感

色彩的明快与忧郁感主要与明度与纯度有关，明度较高的鲜艳之色具有明快感，灰暗浑浊之色具有忧郁感。高明度基调的配色容易取得明快感，低明度基调的配色容易产生忧郁感，对比强者趋向明快，对比弱者趋向忧郁。纯色与白色组合明快，浊色与黑色组合忧郁（图4-20）。

图4-20 色彩的明快与忧郁感

4.2.9 色彩的华丽与朴素感

色彩的华丽与朴素感与色相关系为最大，其次为纯度与明度。红色、黄色等暖色和鲜艳而明亮的色彩具有华丽感，青色、蓝色等冷色和浑浊而灰暗的色彩具有朴素感。有彩色系具有华丽感，无彩色系具有朴素感。

色彩的华丽与朴素感也与色彩组合有关，运用色相对比的配色具有华丽感，其中以补色组合为最华丽。为了增加色彩的华丽感，金色、银色的运用最为常见，作为金碧辉煌、富丽堂皇的宫殿色彩，昂贵的金色、银色装饰是必不可少的（图4-21）。

图4-21 色彩的华丽与朴素感

4.2.10 色彩的积极与消极感

色彩的积极与消极感与色彩的兴奋与沉静感相似。歌德认为一切色彩都位于黄色与蓝色之间，他把黄色、橙色、红色划为中性色彩。体育教练为了充分发挥运动员的体力潜能，曾尝试将运动员的休息室、更衣室刷成蓝色，以便创造一种放松的气氛；当运动员进入比赛场地时，要求先进入红色的房间，以便创造一种强烈的紧张气氛，鼓动士气，使运动员提前进入最佳的竞技状态（图4-22）。

图4-22　色彩的积极与消极感

4.2.11 色彩的季节感

如图4-23所示为色彩的季节感。

图4-23　色彩的季节感

（1）春天

春天具有朝气，有生命力的特性，一般各种高明度和高纯度的色彩，以黄绿色为典型。黄色是最接近于白光的色彩，黄绿色则是它的强化色。浅的粉红色和浅蓝色调子扩大并丰富了这种和谐色。黄色、粉红色和淡紫色在植物的蓓蕾中常见。

（2）夏天

夏天具有阳光、强烈的特性，一般运用高纯度的色彩形成对比，以高纯度的绿色、高明度的黄色和红色最为典型。

（3）秋天

秋天具有成熟、萧索的特性，多运用黄色以及暗色调为主的色彩。秋季的色彩同春季的色彩对比最为强烈。在秋季，草木的绿色已经消失，即将衰败而变为阴暗的褐色和紫灰色。

（4）冬天

冬天具有冰冻、寒冷的特性，多运用灰色、高明度的蓝色和白色等冷色。

4.2.12 色彩的味觉感

使色彩产生味觉的，主要在于色相上的差异，往往因为事物的颜色刺激，而产生味觉的联想。能激发食欲的色彩源于美味事物的外表印象，例如刚出炉的面包，烘烤谷物与烤肉，熟透的西红柿、葡萄，等等。按味觉的印象可以把色彩分成各种类型。芳香色，“芬芳的色彩”常常出现在赞美之辞里，这类形容词来自人们对植物嫩叶与花果的情感，也来自人们对这种自然的借鉴，尤其女性的服饰与自身修饰。最具芳香感的色彩是浅黄色、浅绿色，其次是高明度的蓝紫色。芳香色是女人的色彩，因此这些色彩在香水、化妆品与美容、护肤、护发用品的包装上经常看到。浓味色，主要依附于调味品、咖啡、巧克力、白兰地、葡萄酒、红茶等，这些气味浓烈的东西在色彩上也较深浓，暗褐色、暗紫色、茶青色等便属于这类使人感到味道浓烈的色彩。

下面把色彩的味觉列出，以便在设计时参考（图4-24）。

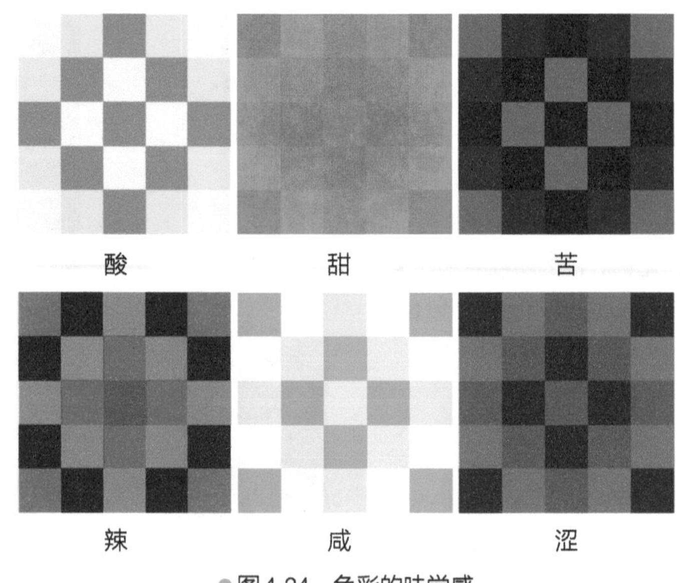

图4-24　色彩的味觉感

① 酸：黄绿色、绿色、青绿色，主要来自未熟果实之联想。

② 甜：洋红色、橙色、黄橙色、黄色等比较具有甜味感，主要来自成熟果实的联想，加白色后甜味转淡。

③ 苦：黑褐色、黑色、深灰色，苦的印象主要来自烤焦的食物与浓厚的中药。

④ 辣：红色、深红色为主色，搭配黄绿色、青绿色可现辣味，主要来自辣椒的刺激。

⑤ 咸：盐或酱油之味觉，以灰色、黑色搭配及黑褐色为主。

⑥ 涩：以加灰色和绿色为主，搭配青绿色、橄榄绿色来表现。

4.2.13 色彩的音感

人们有时会在看色彩时感受到音乐的效果，这是由于色彩的明度、纯度、色相等的对比所引起的一种心理感应现象。通过色彩的搭配组合，使色彩的明度、纯度、色相产生节奏和韵律，同样能给人一种有声之感。美国艺术评论家罗金斯对色彩的魅力做过精彩的描述："任何头脑健全的、性情正常的人都喜欢色彩，色彩能在人们的心中唤起永恒的慰藉和欢乐，色彩在最珍贵的作品中，最驰名的符号里，在最完美的乐章上大放光芒。色彩无处不在，它不仅与人体的生命有关，而且与大地的纯净与明艳有关。"

一般来说，明度越高的色彩，感觉其音阶越高，而明度很低的色彩有重低音的感觉。有时我们会借助音乐的创作来进行广告色彩的设计，在广告色彩设计中运用音乐的情感进行搭配，就可以使广告画面的情绪得到更好的渲染，而达到良好的记忆留存。在色彩上，黄色代表快乐之音，橙色代表欢畅之音，红色代表热情之音，绿色代表闲情之音，蓝色代表哀伤之音（图4-25 ~图4-28）。

图4-25 抒情委婉的节奏与强烈有力的节奏

●图4-26　明快跳跃的节奏与中缓中速的节奏

●图4-27　欢快的轻音乐与优雅的小夜曲

●图4-28　起伏跌宕的交响曲与激昂强烈的进行曲

4.2.14 色彩的形状感

色彩也具有各自的几何形状的特性，如果能和形状结合起来，可以加强本身的特性。

① 圆形：温和、圆滑，适合蓝色的特性。
② 正方形：方正、有重量感，适合红色的特性。
③ 三角形：尖锐、积极，适合黄色的特性。
④ 长方形：介于黄色与红色之间，适合橙色的特性。
⑤ 椭圆：介于红色与蓝色之间，适合紫色的特性。

如图4-29所示为法国充满童趣的托儿中心。

图4-29　丰富的色彩和形状——法国充满童趣的托儿中心

4.3 色彩与空间

4.3.1 色彩与空间的关系

4.3.1.1　用色彩调整空间的比例

在同一个房间中，即使仅仅改变窗帘或沙发靠枕的颜色，整个居室的视觉比例也会随之变得宽敞或狭小。

不同的居室中或多或少存在着一些问题，例如有的过高，有的狭窄，有的空旷，利用色彩可以从视觉上改变这些缺点。

在所有的色彩中，有的色彩能够扩大室内面积，有的则能缩小面积，被称为膨胀色和收缩色；有的能够拉近墙面的距离，有的则能使其看起来更远一些，这些色调被称为前进色和后退色；同样，还有轻色和重色，能够使界面看起来变轻或变重。

（1）膨胀色和收缩色

暖色相、高纯度、高明度的色彩都是膨胀色，低纯度、低明度、冷色相均为收缩色。比较宽敞的空间室内软装饰可以采用膨胀色，使空间看起来丰满一些，反之，则宜使用收缩色（图4-30、图4-31）。

图4-30　红色——膨胀色

图4-31　蓝色——收缩色

（2）前进色和后退色

高纯度、低明度、暖色相给人以向前的感觉，称为前进色；低纯度、高明度、冷色相称为后退色。空旷的房间可以用前进色喷涂墙面，反之可用后退色（图4-32、图4-33）。

图4-32　橙色——前进色

图4-33　蓝色——后退色

（3）重色和轻色

深色使人感觉下沉，浅色给人上升感，同样明度和纯度的情况下，暖色轻，冷色重。低空间可用轻色装饰天花板，地板采用重色，可以在视觉上延长两个界面的距离，使比例更和谐（图4-34）。

4.3.1.2 空间色彩与自然光照

不同朝向的居室会因为不同的光照而有不同的色彩特点，可以利用色彩来改善光照的弊端。

朝北的居室房间，因为一年四季晒不到太阳，温度偏低，选择淡雅的暖色或中性色比较好，这样房间会感觉到暖和一些，同时还会有一种愉快、舒适的感觉（图4-35）。

东西朝向的房间，光照一天之中变化很大，直对光照的墙面可以选择吸光的色彩，背光的墙面选择反光色，墙壁不宜刷成橘黄色或淡红色的，选择冷色调比较合适（图4-36）。

朝南的居室房间，一般冬暖夏凉，一天之中的光照比较均匀，色彩选择没有什么限制性。

室内墙壁色彩基调一般不宜与室外环境形成太强烈的对比，窗外若有红光反射，室内则不宜选用太浓的蓝色、绿色。色彩对比太强，易使人感觉疲劳，产生厌倦情绪。浅黄色、奶黄色偏暖，效果会更好。相反，窗外若有树叶或较强的绿色反射光，室内颜色则不宜太绿或太红。

4.3.1.3 空间色彩与气候

居室内总的色彩设定宜与所居住的城市气候结合起来进行设定。例如特别严寒的地带，寒冷的时间较长，室内使用暖色调可以让人感觉温暖舒适；炎热时间较长

图4-34 轻色在上，重色在下延长两个界面的距离

图4-35 朝北的房间适宜采用暖色调

图4-36 东西朝向的房间适宜采用冷色调

的地区，室内宜采用冷色调，会让人感觉凉爽、轻快。

若喜欢根据季节变化而改变室内氛围，可以用改变室内陈设颜色的办法来跟随季节的特点，如夏季采用淡雅、冷色调的软饰；冬季使用暖色调、具有节日氛围的装饰等，都是居室色彩与气候的呼应手段（图4-37、图4-38）。

●图4-37　夏季采用淡雅、冷色调的软饰

●图4-38　冬季使用暖色调、具有节日氛围的装饰

4.3.2 空间配色设计

4.3.2.1　善用色彩搭配黄金比例

室内空间颜色不宜超过三个色彩，这三种色彩一般按60 ∶ 30 ∶ 10的原则进行比重分配，即主色彩、次要色彩、点缀色为60 ∶ 30 ∶ 10的比例。例如室内空间墙壁占60%的色彩比例，家具、床品和窗帘占30%，小饰品和艺术品占10%。点缀色虽然是占比例最少的色彩，但往往会起到画龙点睛的作用。

4.3.2.2　室内空间色彩搭配技巧

在软装设计配色中，要认真分析硬装所留下的配色基础，从业主的喜好和设计主题出发，精心设计作品的配色方案，所有的软装色彩设计过程都必须严格按照这个方案执行，从这个基础出发去完善整个室内的配色系统，这样一定能创作出令人满意的作品。

（1）小型空间装饰色

淡雅、清爽的墙面色彩可以让小空间看上去更宽大；强烈、鲜艳的色彩用于个别点缀会增加空间整体的活力；还可以用不同深浅的同类色做叠加以增加整体空间的层次感，让其看上去更宽敞而不单调，让人心情开阔。

（2）大型空间装饰色

暖色和深色可以让大空间显得温暖、舒适。强烈、显眼的点缀色适于大空间的装饰墙，用以制造视觉焦点。将近似色的装饰物集中陈设便会让室内空间聚焦。

（3）从天花板到地面纵观整体

协调从天花板到地面的整体色彩，最简单的做法就是运用色彩的轻重感，暗色最重用于靠下的部位，浅色最轻适合天花板，中度的色彩则可贯穿其间。若把天花板刷成深色或与墙壁色一样，则整个空间看上去较小、较温馨；反之，浅色让顶棚看上去更高一些。

（4）空间配色次序很重要

空间配色方案要遵循一定顺序：硬装—家具—灯具—窗艺—地毯—床品和靠垫—花艺—饰品。

（5）三色搭配最稳固

在设计和方案实施的过程中，空间配色最好不要超过三种色彩，当然白色、黑色可以不算在内。同一空间尽量使用同一配色方案，形成系统化的空间感觉。

（6）善用中性色

黑色、白色、灰色、金色、银色中性色主要用于调和色彩搭配，突出其他颜色。它们给人的感觉很轻松，可以避免疲劳，其中金色、银色是可以陪衬任何颜色的百搭色，金色不含黄色，银色不含灰白色。

4.3.2.3 色彩搭配禁忌

（1）蓝色不宜大面积使用在餐厅厨房

因为蓝色会让食物看起来不诱人，让人没有食欲，蓝色作为点缀色起到调节作用即可。但作为卫浴空间的装饰却能强化神秘感与隐私感。

（2）紫色不宜大面积用在居室或孩子的房间

大面积的紫色会使空间整体色调变深，那样会使得身在其中的人有一种无奈的感觉。不过可以在居室局部作为装饰亮点，可以显出贵气和典雅。

（3）红色不宜长时间作空间主色调

居室内红色过多会让眼睛负担过重，产生头晕目眩的感觉，要想达到喜庆的目的只要用窗帘、床品、靠包等小物件做点缀就可以。

（4）粉红色不宜大面积用在卧室

粉色容易给人带来烦躁的情绪，尤其是浓重的粉红色会让人精神一直处于亢奋状态，居住其中的人会产生莫名其妙的心火。若将粉红色作为点缀色，或将颜色的浓度稀释，淡粉红色墙壁或壁纸则能让房间转为温馨。

（5）橙色不宜用来装饰卧室

生气勃勃、充满活力的橙色，会影响睡眠质量，将橙色用在客厅则会营造欢快的气氛，用在餐厅能诱发食欲。

（6）咖啡色不宜用在餐厅和儿童房

咖啡色含蓄、暗沉，会使餐厅沉闷而忧郁，影响进餐质量，在儿童房中会使孩子性格忧郁。咖啡色不适宜搭配黑色，为了避免沉闷，可以用白色、灰色或米色作为配色，可以使咖啡色发挥出属于它的光彩。

（7）黄色不宜用于书房

黄色会减慢思考速度，长时间接触高纯度黄色，会让人有一种慵懒的感觉，在客厅与餐厅适量点缀一些就好。

（8）黑色忌大面积运用在居室内

黑色是沉寂的色彩，易使人产生消极心理，与大面积白色搭配是永恒的经典；在大面积黑色上用金色点缀，显得既沉稳又奢华，在饰品上用红色点缀，显得神秘而高贵。

（9）金色不宜做装饰房间的唯一用色

大面积金光闪闪对人的视线伤害最大，容易使人神经高度紧张，不易放松，金色作为线、点的勾勒能够创造富丽的效果。

（10）黑白等比配色不宜使用在室内

长时间在这种环境里，会使人眼花缭乱，紧张、烦躁，让人无所适从，最好以白色作为大面积主色，局部以其他色彩为点缀，有利于产生好的视觉感受。

4.3.2.4 色彩与材质

（1）自然材质与人造材质

在室内装饰中，色彩是依附于材质而存在的，丰富的材质对色彩的感觉起到密切的影响。常用的室内材质可分为自然材质和人造材质两类，两者通常是结合使用的，自然材质涵盖的色彩比较细致、丰富，多为自然、朴素的色彩，艳丽的色调较少，人造材质色彩丰富，但层次感不够，比较单薄（图4-39）。

（2）表面光滑度的差异

除了材质的来源以及冷暖，表面光滑度的差异也会给色彩带来变化。例如瓷砖，同样颜色的瓷砖经过抛光处理的表面更光滑，反射度更高，看起来明度更高，粗糙一些的则明度较低（图4-40）。

（3）冷质和暖质

具有现代感的玻璃、金属等给人冰冷感觉的材质被称为冷质材料；布艺、皮革等具有柔软感的材质被称为暖质材料。木材、藤等介于冷暖之间，被称为中性材料。暖色调的冷质材料，暖色的温暖感有所减弱；冷色的暖质材料，冷色的感觉也会减弱。例如同为橙色，玻璃的质感要比布艺冷硬（图4-41）。

图4-39 自然材质和人造材质的结合使用使空间更加富有层次

图4-40 地面光滑的瓷砖和纹理造型丰富的棕木色橱柜形成了对比和层次感

4.4 室内色彩设计风格

4.4.1 明亮活泼

明亮活泼的室内空间多采用高明度色彩，除了必不可少的白色外，多采用明黄色、橘色、红色、黄绿色等相对偏暖色系的高明度、高纯度色彩点缀空间。明亮活泼的色彩风格多适用于公共交流空间，给人兴奋、愉快之感。如图4-42所示为波兰FreshMail现代新潮的办公空间设计。

图4-41 同为橙色，玻璃的质感要比布艺冷硬

●图4-42　波兰FreshMail现代新潮的办公空间设计

4.4.2 温柔浪漫

与明亮活泼风格的空间相比，温柔浪漫的室内空间色彩对比减弱，整体室内色彩搭配更加柔和，避免出现纯度过高或者明度过低的色彩，避免大面积锋利的造型以及高反射的材质，以增强空间亲和力，温柔浪漫的色彩风格非常适合卧室等休息空间，让人放松、舒适（图4-43）。

4.4.3 复古典雅

说到欧洲的复古，我们不禁会想起巴洛克、洛可可、新古典主义、新艺术运动等风格与流派，它们有着不同程度的繁复华丽，所有的细节都是欧洲贵族精致生活的体现；谈及东方的复古，我们往往会想到简洁、秀丽的明式家具和古朴温润的纯木色调。然而复古并不代表照搬历史，而是取其精华运用到现代室内设计中来（图4-44）。

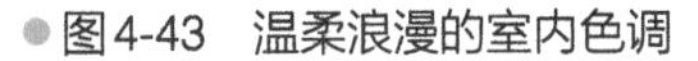

●图4-43　温柔浪漫的室内色调

●图4-44　复古典雅的室内色调

4.4.4 高贵华丽

高贵华丽的空间颜色往往饱和度较高，金色、银色、紫色、宝蓝色、红色等是常用的华丽颜色，有一定反光的金属材质以及皮毛等材质更能够增添空间的华丽之感。“高贵华丽”往往与“欧式风格”相联系，多使用于较大空间的住宅中（图4-45）。

●图4-45　法国古典奢华宫廷风格设计

4.4.5 质朴优雅

源于大自然的色彩总会让人感受到一种返璞归真的质朴情怀，让我们的内心感到平静自由。绿色和棕色是大自然的永恒色彩，给人朴实之感（图4-46）。

4.4.6 稳重大方

稳重大方的空间要注意空间整体明度的把握，与明亮活泼风格相反，应该有较大比例的低明度色彩，同时避免出现大面积跳跃性的色彩，力求给人以安定、平和之感（图4-47）。

●图4-46 质朴优雅的室内色调

●图4-47 稳重大方的室内色调

案例

哥本哈根ACE & TATE时尚眼镜店室内设计

设计师采用几何形状和原色来唤起进入艺术家工作室的体验，用明亮的色彩创造出“充满活力和好玩的美学”。新空间由一层鲜明的、极简主义的混凝土地板和由红色、蓝色和黄色点缀的白色的墙壁组成。

店铺被分成两部分，分别是一段弯曲的拱门和一段通往一楼的黄色螺旋楼梯。从地板到天花板的窗户缠绕在商店的周围，使得自然光可以淹没在前面的房间里（图4-48）。

图4-48　哥本哈根ACE & TATE时尚眼镜店室内设计

05 室内光环境设计

5.1 照明方式

人工照明按灯光照射范围和效果，分为一般照明、局部照明和混合照明。

（1）一般照明

为照亮整个场所而设置的照明，这种照明方式的灯具通常均匀对称地分布在被照面的上方。

在家居中，这是不可缺少的基础照明工作，若这项工作失败，家中就成了“黑山洞”，再好的房子也会因没有光亮而大打折扣。

（2）局部照明

局限于某个空间或者场合的固定或移动的照明。对于局部需要高照度，并对照射方向有要求时，宜采用局部照明，例如，书房的工作桌台、陈列在客厅中用于展示精美收藏的展示柜。

但在整个场所不应只有局部照明而无一般照明，因为这会造成工作点和周围环境间极大的亮度对比，导致工作面与环境的强烈对比，使人眼不舒服，以致疲劳。

例如，在餐厅的照明设计中除了要设置一般照明以使整个房间有一定的明亮度外，还要采用局部照明，以突出餐桌的效果。一般餐厅照明以悬挂在餐桌上方的吊灯效果较好，吊灯安装在桌子上方80cm为宜，柔和的光晕聚集在餐桌中心，具有凝聚视觉和舒缓用餐情绪的作用（图5-1）。

图5-1　餐桌上方的局部照明

（3）混合照明

由一般照明和局部照明共同组成的照明方式。对于工作位置需要较高照度并对照射方向有要求的场所，宜采用混合照明。混合照明中的一般照明应按混合照明总照度的5% ~ 10%选取，且最低不低于20lx（勒克斯）。

5.2 照明设计的原则

5.2.1 舒适性

5.2.1.1 适当的亮度

照度是光源照射在被照物体单位面积上的光通量，是室内照明设计中的术语，它用“lx”（勒克斯）作为衡量单位。营造舒适的光环境，首先要有适宜的照度，由于不同活动空间对照度要求不同，居住空间照明设计要适当控制其照度水平。随着近几年居住环境要求的提高，我国《民用建筑照明设计标准》的推荐值已经显得略低，应尽量采用表5-1中高档的照度标准值。

表5-1 不同作业类型要求的照明

作业种类	举　例	照度/lx
粗	库房	80 ~ 70
中等精度	实验室，简单装配车床	200 ~ 500
精密	阅读、写作，图书馆，精密装配	500 ~ 700
非常精密	制图、色形检查，电子产品装配	1000 ~ 2000

5.2.1.2 照明均匀度

在满足空间整体基本照度的情况下，一个空间中不同的活动区域也会有不同的照度要求，例如在卧室中休闲、阅读时的照度要求不同，人们往往会在空间的基础照明之上增设局部照明，此时阅读区与周围环境的亮度差不宜过大，一般应保持3 ∶ 1的比例，对比过于强烈会令人产生不舒适感。最大推荐亮度比如表5-2所示。

表5-2 最大推荐亮度比

条件	最大亮度比
工作表面的照明与周围环境的照明比	3 ∶ 1
工作表面的照明与较远环境的照明	10 ∶ 1
光源与邻近表面	20 ∶ 1
视野中的最大亮度比	40 ∶ 1

5.2.1.3 避免眩光和阴影

眩光是指视野中由于不适宜亮度分布，或在空间或时间上存在极端的亮度对比，以致引起视觉不舒适和降低物体可见度的视觉条件。产生眩光的原因一般有两个。一是在视野中某一局部地方出现过高的亮度。例如在居室空间中，直接照明方式可能让光源直射人眼，从而产生不舒适眩光，可采用间接照明方式。再如夜晚休息时，室外过高的亮光照入室内造成眩光污染，影响人们休息。二是时间或空间上存在过大的亮度变化。例如人们夜起时开灯，亮度过高会让人无法睁开眼睛，应使用可调节亮度的灯具以满足不同活动状态的需要（图5-2）。

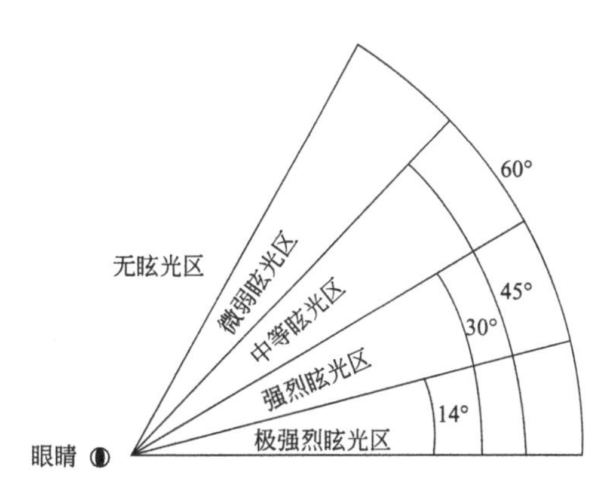

图5-2 眩光与光源位置的关系

5.2.1.4 暗适应

（1）照度平衡

当工作面上的照度不稳定（闪烁或忽明忽暗）或分布不均匀，作业者的视线从一个表面移到另一个表面时，则发生明适应或暗适应过程，在适应过程中，不仅眼睛感到不舒服，而且视觉能力还要降低，如果经常交替适应，必然导致视觉疲劳。在照明设计时应考虑各个空间之间的亮度差别不应太大，进行整体的照度平衡。

（2）黑暗环境的照明

某些活动往往要在比较黑暗的环境中进行，如电影院、舞厅、声光控制室等。在这种环境中既要有一定亮度的局部照明，以便能看清需要的东西，又要保持较好的对黑暗环境的暗适应，以便观察其他的较暗的环境，因此，只能采用少量的光源进行照明，在黑暗环境下多

用较暗的红光照明。

再如，飞机内的照明，飞行员在夜间飞行时要既能看到机舱内各种仪表显示，也能看机舱外的环境。旧有的机舱照明是采用荧光，因为飞行员在夜间飞行时要看舱内、外两种不同亮度的环境，人的视觉特点是由亮处转移到黑暗的环境下，眼睛要经过暗适应。经过人体工程学对光的波长范围、亮度、适应度的研究后发现驾驶舱内照明应用红光，这样飞行员才能兼顾到舱内、外的一切。

5.2.1.5 灯光色彩

灯光色彩各种光源都有固有的颜色，而光源的各种各样固有的颜色可用色温来表示。当热辐射光源（如白炽灯、卤钨灯等）的光谱与加热到温度为T_c的黑体发出的光谱分布相似时，则将温度T_c称为该光源的色温，其单位是开尔文（K）。各种光源的色温度见表5-3。

表5-3　各种光源的色温度

光　源	色温度/K
太阳（大气外）	6500
太阳（在地表面）	4000 ~ 5000
蓝色天空	18000 ~ 22000
月亮	4125
蜡烛	1925
煤油灯	1920
弧光灯	3780
钨丝白炽灯（10W）	2400
钨丝白炽灯（100W）	2740
钨丝白炽灯（1000W）	2020
荧光灯（昼光灯）	6500
荧光灯（白色）	4500
荧光灯（暖白色）	3500
金属钠铊铟灯	4200 ~ 5500
金属镝铟灯	6000
金属钪钠灯	3800 ~ 4200
高压钠灯	2100

光源的色温应与照度相适应，即随着照度增加，色温也相应提高。否则，在低色温、高照度下，会使人感到酷热；而在高色温、低照度下，会使人感到阴森的气氛。

如何正确地进行室内灯光色彩设计，已经逐渐成为人们所要考虑的问题。在家庭装饰中，灯光设计切忌使人眼花缭乱和反差太大，首先要考虑的当然是健康，第二要考虑协调，第三考虑功能。

色彩对人的心理和生理有很大的影响，一般来讲，蓝色可减缓心律、调节平衡，消除紧张情绪；米色、浅蓝色、浅灰色有利于安静休息和睡眠，易消除疲劳；红橙色、黄色能使人兴奋，振奋精神；白色可使高血压患者血压降低，心平气和；红色易使人血压升高，呼吸加快。

狭小空间要选用乳白色、米色、天蓝色，再配以浅色窗帘，这样使房间显得宽阔。墙壁颜色是绿色或蓝色，可以选用黄色为主调的灯饰，如果是淡黄色或米色的墙漆，可以用吸顶式日光灯。

卧室的灯光应该柔和、安静，相对较暗。不要用强烈刺激的灯光和色彩，而且应避免色彩间形成强烈对比，切忌红绿搭配。

黄色灯光的灯饰比较适合放在书房里，黄色的灯光可以营造一种广阔的感觉，可以振奋精神，提高学习效率，有利于消除和减轻眼睛疲劳。

客厅可采用鲜亮明快的灯光设计。由于客厅是个公共区域，所以需要烘托出一种友好、亲切的气氛，颜色要丰富、有层次、有意境。

餐厅可以多采用黄色、橙色的灯光，因为黄色、橙色能激起食欲。

卫生间灯光设计要温暖、柔和，烘托出浪漫的情调。

厨房对照明的要求稍高，灯光设计尽量明亮、实用，但是色彩不能太复杂，可以选用一些隐蔽式荧光灯来为厨房的工作台面提供照明。

房间的转角处通常是光线较暗的地方，可以在转角处用乳白色、淡黄色的台灯作装饰和调节照明，而对于采光不好的房间来说，选用浅鹅黄色是不错的选择，给人温暖、亲切的感觉（图5-3）。

●图5-3　餐厅多采用能刺激食欲的黄色、橙色灯光

5.2.2 艺术性

好的照明设计是技术与艺术的完美结合，它不仅要满足室内“亮度”的功能性要求，还要起到烘托环境、气氛的艺术性作用。照明设计应注重艺术、文化、品位和特色。

发光二极管（LED）技术的不断成熟与发展，给照明艺术化带来更多的发展空间。在近几年的照明设计行业中，出现了不少关于艺术照明的设计理论与实践运用。

5.2.2.1　情景照明

●图5-4　飞利浦照明Hue智能照明系统

家是包容所有喜怒哀乐的地方，晴天或雨天，夏季或冬季，二人世界或朋友聚会……如何让身边的情景更切合使用者的心情，除了装修、改变摆设等方法之外，还有一个最简单、最直接也最有效的方法，那就是情景照明。

跟颜色一样，不同的色温表达的情感也不同，举个最简单的例子，选择同样显色性而不同色温的光源，营造的光环境效果不同的光色给人们以不同的心理感觉。低色温给人一种温馨、舒适、经典的感觉，比较适合感性的一面，例如聊天等；中色温给人清爽、激情、时尚的感觉，适合阅读、用餐等；高色温给人纯洁、清新、明快严肃的感觉，比较适合理性的一面，例如工作、操持家务等。为了迎合人们对照明的更多需求，情景照明从商业空间逐渐延伸到家居空间。

飞利浦照明Hue智能照明系统，令灯光变得更加“聪明”。用户可以使用iOS或安卓的智能手机，轻松操控和创造各种家居照明效果。可以使用Hue从相片中获取色调，用灯光装扮家居，根据不同家居活动，选择灯光帮助休息、工作，或设定时间用灯光在早上唤醒用户起床。还可以与iPhone手机、iPad的音乐播放器连接，感受这套灯光随着音乐舞动（图5-4）。

5.2.2.2 情调照明

情调照明，是用光和色彩，把人的情绪和所处环境高度统一起来，让它的精神在一种意境中得到释放和升华。如果你精神喜悦，那么适当的红光可以释放你的感情；如果你情绪低落，那么适当的绿色光照可以平静你的心情。光照和色彩，可以表达一种精神意境，使人的心理需求得到满足。

情调照明，它以场景、灯光和人的情绪的彼此呼应，来营造出一种可以满足人的精神需求的光环境。有专家表示，现代医学和绘画理论早已证实，色彩和光线一样，也会对人的生理、心理产生影响。它不但影响人的视觉神经，还进而影响心脏、内分泌机能、中枢神经系统的活动。西方心理学家也指出，红色、橙色、黄色、绿色、青色、蓝色、紫色等颜色对人的生理有不同的影响。

红色：刺激和兴奋神经系统，增加肾上腺素分泌和增进血液循环。

橙色：诱发食欲，帮助恢复健康和吸收钙。

黄色：可刺激神经和消化系统。

绿色：有益于消化和身体平衡，有镇静作用。

蓝色：能降低脉搏、调整体内平衡。

紫色：对运动神经和心脏系统有压抑作用。

情调照明与情景照明有所不同，情调照明是动态的，是可以满足人的精神需求的照明方式，使人感到有情调；而情景照明是静态的，它只能强调场景光照的需求，而不能表达人的情绪，从某种意义上说，情调照明涵盖情景照明（图5-5）。

图5-5　情调照明

5.2.3 节能性

在进行照明设计时，首先应根据照明标准选取合理的照度值，不应过高或过低；其次，选择高效节能的灯具；再次，采用合理的照明方式。因为不同照明方式的光通量利用率不同，以直接照明方式为最高、间接照明最低，但间接照明亦有其独特的优点，例如避免眩光、光线柔和雅致，所以应根据不同空间的功能性和艺术性要求综合考虑，选择合适的照明方式。

比如，在厨房空间中，应采取一般照明与重点照明相结合的方式，对精细工作区域进行重点照明，如在高柜下安装暗藏灯带，既可均匀照亮操作台面又可有效避免眩光（图5-6）。

图5-6　在厨房空间中应采取一般照明与重点照明相结合的方式

5.2.4 经济性

照明设计的节能性是保证经济性的前提，因为节能措施减少了不必要的电力浪费，从而降低了经济成本。另外，在灯具的选择上也不是越贵越好，应选择适合空间环境的灯具外观和绿色环保的材料，在不影响使用功能和审美效果的前提下，尽量做到经济实惠。

5.2.5 统一性

在进行居室空间设计时，务必要注重艺术风格的统一，照明设计作为空间设计的重要元素，更需要统一于整个空间环境。在进行照明设计时应注意，灯具的外观造型、材质、色彩应该呼应整个空间环境，优秀的灯具也是一件点缀环境的艺术品；灯具的照明方式应符合空间的使用功能和意境营造；另外，适合的光源颜色能够加强空间的艺术氛围。

如图5-7所示，古色古香的灯具成为此田园风格空间的点睛之笔，古老而不失陈旧，黄色的灯光更添古朴气息。

●图5-7　古色古香的灯具成为此田园风格空间的点睛之笔

5.2.6 安全性

安全性是任何空间都不容忽视的重要因素，现代照明以电为能源，需要保证线路、开关、灯具安全可靠，布线和电气设备都应符合消防需求。

5.3 照明设计的种类

5.3.1 按照明目标分类

5.3.1.1 功能性照明

在《辞海》中“照明”的含义如下：利用各种光源照亮工作和生活场所或个别物体的措施。照明的首要目的是创造良好的可见度和舒适愉快的环境。适宜的照度、均匀度、显色性、色温以及眩光控制是营造良好光环境的重要因素。

5.3.1.2 装饰性照明

随着社会的进步，照明不再是传统意义上的单纯把灯点亮，而是要用灯光这种特殊“语言”创造赏心悦目的艺术气氛，例如分明的空间层次感、丰富的空间立体感以及能够呼应主人心情的环境气氛等。当然，装饰性照明不仅限于纯粹的装饰作用，也可兼具功能性，设计时应考虑灯具的造型、尺度、色彩、安装方式、艺术效果以及节能性等。

5.3.2 按灯具散光方式分类

5.3.2.1 直接照明

光线通过灯具直接照射物体，90% ~ 100%的光通量到达工作面，这种照明方式称为直接照明。其优点是亮度高、立体感强，常用于高大的公共空间或局部重点照明；缺点是容易产生眩光和阴影，人眼不宜直接接触，容易使人产生视觉疲劳。

5.3.2.2 间接照明

90% ~ 100%的光通量通过墙面或顶棚反射作用于工作面，10%以内的光通量直接作用于工作面，这种照明方式被称为间接照明。通常有两种处理方法，一种是用不透明的灯罩将光源遮蔽，光线经过灯罩、顶面或墙面反射形成间接光线；另一种是把光源安装在固定灯槽内，光线经过灯槽界面的反射形成间接光线。间接照明的特点是光线柔和、不刺眼，没有强烈的阴影，适用于卧室等安静平和的空间。但此照明方式单独使用时可能会造成不透明灯罩或灯槽的下方有强烈的阴影，所以往往和其他照明方式配合使用（图5-8、图5-9）。

图5-8　光线经过灯罩、顶面或墙面反射形成间接光线

图5-9　光线经过灯槽界面的反射形成间接光线

5.3.2.3 半直接照明

半透明材质的灯罩罩住光源上部，其中60% ~ 90%的光通量到达工作面，其余10% ~ 40%的光通量经过半透明灯罩扩散至周围。此照明方式适用于低矮的空间，既容易有效避免眩光，又不会给空间产生浓厚的阴影，漫射光照亮顶棚，产生空间较高的视觉感受。常用于餐厅、书房、客厅等空间。

图5-10 半直接照明台灯

如图5-10所示，此灯具照明方式为半直接照明，半透明灯罩透出少量光线，散射向周围环境，大部分光线直接照亮下方，空间光线柔和。

5.3.2.4 半间接照明

半透明材质的灯罩从下部将光源遮蔽，其中60% ~ 90%的光通量经过半透明灯罩扩散至周围，其余10% ~ 40%的光通量经过顶面或墙面反射到达工作面，这种照明方式称为半间接照明。相对于间接照明来说，此照明方式避免了空间产生浓厚的阴影，并提高了照明效率。相对于半直接照明来说，此照明方式避免了光源直射人眼，但降低了照明效率。常用于卧室、客厅等空间。

图5-11 漫射照明装饰灯

5.3.2.5 漫射照明

半透明材质的灯罩将光源完全围合，光线透过灯罩均匀扩散至四周。照明效率相对较低，但光线柔和，避免眩光，一般用于对照度要求不高的空间，例如走廊、门厅、卫生间、厨房、楼梯间等空间（图5-11）。

5.4 照明设计的运用

5.4.1 根据活动需要选择光源色温

跟空间中物体的色彩一样，光源不同的色温也能传达出不同的感情，制造不同的空间氛围。例如，选择同样显色性的而不同色温的光源，营造的光环境效果不同的光色给人们以不同的心理感觉。低色温颜色偏暖，给人一种温馨、舒适、经典的感觉，比较适合放松的活动，例如聊天等；中色温给人一种清新、明快、激情、时尚的感觉，适合用餐、娱乐等活动（图5-12）；高色温给人一种清爽、纯洁、冷静、严肃的感觉，比较适合相对理性的活动，例如工作、阅读、操持家务等。

图5-12 中色温设计

5.4.2 用光线勾勒空间造型

将光源与空间造型相结合，用光线衬托和强调空间造型。恰到好处的光线运用可以增强空间物体的立体感，凸显材质肌理，形成特殊的视觉效果，给人不一样的空间视觉感受。如图5-13所示，在开放式厨房的中岛下方安装暗藏灯带，勾勒出中岛的造型，营造出轻盈、悬浮的感觉。

图5-13 开放式厨房的中岛下方暗藏灯带的设计

5.4.3 利用光源位置高度营造不同心理感受

光源的位置高低能够影响人的心理感受。有实验表明，光源高度越低，人越有安全感，因为当光源较高并能够照出人脸的清晰表情时，人在环境中的私密感降低。如图5-14所示，夜晚的庭院就像一个秘密花园，可以和家人或好友聊天、看星星，放松身心，低矮的光源营造出静谧、稳定、放松的环境氛围。

● 图5-14 庭院灯光设计

5.4.4 将光与空间材质相结合营造特殊氛围

将光源与空间材质相结合，营造特殊氛围。在居室照明设计中，光源往往以两种形式呈现，一是光源外露，如筒灯、射灯等；二是选用带有各式各样灯罩的灯具。我们可以考虑将光源与空间材质相结合，在保证安全可行的基础上创造出特殊的照明效果。如图5-15所示，地面上星星点点的光源与喷泉结合，形成流淌多变而梦幻般的视觉效果。

● 图5-15 光与水的结合

案例

开放优雅的东京意大利餐厅

由Oska&Partners设计的位于东京郊区八千代市绿丘车站的商业综合体中一处意大利风格的餐厅。通过利用用餐空间和宴会厅，餐厅期望能够举办最多容纳250人的大型派对。怀揣这样的想法，利用了现有建筑大跨度的特点，将固定墙体的运用做到最少，打造出只依靠灯光和吊顶来划分的宽阔用餐空间（图5-16）。

图5-16　依靠灯光和吊顶来划分的宽阔用餐空间的东京意大利餐厅

06

家具与室内陈设设计

6.1 家具设计概论

6.1.1 家具设计的概念

设计就汉语构成而言，指的是“设想”和“计划”，它是人类为实现某一目的而设想、筹划和提出的方案。它表示一种思维和创造过程，以及将这种思维创造的结果用符号表达出来。广义的“设计”将外延延伸到人的一切有目的的创造性活动；而狭义的“设计”则专门指在有关美学的实践领域内，甚至只限于实用美术范畴内的各种独立完成的构思和创造过程。

家具设计是以家具为对象的一种设计形式，家具设计作品可能是一种室内陈设，可能是一件艺术品，可能是一件日用生活用品，也可能是一件工业产品。因此，可以对家具设计作如下定义：

家具设计是指为满足人们使用的、心理的、视觉的需要，在产品投产前所进行的创造性的构思与规划，通过采用手绘表达、计算机模拟、模型或样品制作等手法表达出来的过程和结果。它围绕材料、结构、形态、色彩、表面加工、装饰等赋予家具产品新的形式、品质和意义。

家具设计是一种创造性活动，旨在确定家具产品的外形质量（即外部形状特征）。它不仅仅指外貌式样，还包括结构和功能，它应当从生产者的立场以及使用者的立场出发，使二者统一起来。

家具设计师从家具使用者的立场和观点出发，结合自己对家具的认识，对家具产品提出新的和创造性的构想，包括对外貌样式的构想、内部结构的构想、使用功能的构想、使用者在使用家具时的体验和情感构想等，用科学的语言加以表达并协助将其实现。这样的一系列过程就称为家具设计。

在当代商业背景下，家具设计可能是一项具有商业目的的设计活动。它需要完成对社会的责任和业主对具体产品设计任务的委托，达到社会、业主、设计师都满意的结果。

目前家具设计机构有两种基本形式：家具企业内的设计机构；独立的设计机构。企业内的设计机构依附于企业，以企业内部的设计任务为重点工作内容，长期以来，我国的家具设计机构都主要以这种形式存在。随着家具产品设计地位的日益提高，设计机构专业化分工势在必行，即成立独立的设计机构。家具生产企业可根据市场需求，把自己欲开发的产品委托给这类专业的设计公司来完成，这样有利于优秀的设计人员为多家公司开发不同形式的产品，充分利用人才资源，避免各个生产企业均有设计部门，易造成工作量不足、信息渠道不畅及产品开发设计成本高等不良现象。

6.1.2 家具的分类

由于现代家具的材料、结构、使用场合、使用功能的日益多样化，也导致了现代家具类型的多样化和造型风格的多元化，因此，很难用一种方法将现代家具进行分类。在这里，仅从常见的使用和设计角度来对现代家具进行分类，作为了解现代家具设计的基础知识之一。

6.1.2.1 按使用功能分类

这种分类方法是根据家具与人体的关系和使用特点，按照人体工程学的原理进行分类，是一种科学的分类方法。

（1）坐卧类家具

坐卧类家具是家具中最古老、最基本的类型。家具在历史上经历了由早期席地跪坐的矮型家具，到中期的重足而坐的高型家具的演变过程，这是人类告别动物的基本习惯和生存姿势的一种文明创造的行为，这也是家具最基本的哲学内涵。

坐卧类家具（图6-1）是与人体接触面最多，使用时间最长，使用功能最多、最广的基本家具类型，造型式样也最多、最丰富。坐卧类家具按照使用功能的不同，可分为椅凳类、沙发类和床榻类家具。

（2）凭倚类家具

凭倚类家具是指家具结构的一部分与人体有关，另一部分与物体有关，主要供人们依凭和伏案工作，同时也兼具收纳物品功能的家具。它主要包括以下两类。

① 桌台类　它是与人类工作方式、学习方式、生活方式直接发生关系的家具，其高低宽窄的造型必须与坐卧类家具配套设计，具有一定的尺寸要求，如写字台、抽屉桌、会议桌、课桌、餐台、试验台、电脑桌、游戏桌等（图6-2）。

图6-1　坐卧类家具

●图6-2 桌台类家具

●图6-3 茶几

② 几类 与桌台类家具相比，几类一般较矮，常见的有茶几、条几、花几、炕几等。几类家具发展到现代，茶几成为其中最重要的种类。由于沙发家具在现代家具中的重要地位，茶几随之成为现代家具设计中的一个亮点。由于茶几日益成为客厅、大堂、接待室等建筑室内开放空间的视觉焦点家具，今日的茶几设计正在以传统的实用配角家具变成集观赏、装饰于一体的陈设家具，成为一类独特的具有艺术雕塑美感形式的视觉焦点家具。在材质方面，除传统的木材外，玻璃、金属、石材、竹藤的综合运用使现代茶几的造型与风格千变万化、异彩纷呈（图6-3）。

（3）收纳类

收纳类家具是用来陈放衣服、棉被、书籍、食品、用具或展示装饰品等的家具，主要是处理物品与物品之间的关系，其次才是人与物品的关系，即满足人在使用时候的便捷性，在设计上必须在适应人体活动的一定范围内来制定尺寸和造型。此类家具通常以收纳物品的类型和使用的空间冠名，如衣柜、床头柜、橱柜、书柜、装饰柜、文件柜等。在早期的家具发展中，箱类家具也属于这类，由于建筑空间和人类生活方式的变化，箱类家具正逐步从现代家具中消亡，其贮藏功能被柜类家具所取代。

收纳类家具在造型上分为封闭式、开放式和综合式，在类型上分为固定式和移动式。法国建筑大师与家具设计大师勒·柯布西耶早在20世纪30年代就将橱柜家具固定在墙内，美国建筑大师赖特也以整体设计的概念，将贮藏家具设计成建筑的结合部分，可以视为现代贮藏家具设计的典范（图6-4）。

（4）装饰类

屏风与隔断柜是特别富于装饰性的间隔家具，尤其是中国的传统明清家具，屏风、博古架更是独树一帜，以其精巧的工艺和雅致的造型，使建筑室内空间更加丰富通透，空间的分隔和组织更加多样化。

图6-4 书橱

屏风与隔断对于现代建筑强调开敞性或多元空间的室内设计来说，兼具有分隔空间和丰富变化空间的作用。随着现代新材料、新工艺的不断出现，屏风或隔断已经从传统的绘画、工艺、雕屏发展为标准化部件组装、金属、玻璃、塑料、人造板材制造的现代屏风，创造出独特的视觉效果（图6-5）。

图6-5 屏风

6.1.2.2 按建筑环境分类

人们在各种活动中，形成了多种典型的对建筑空间功能类型化的要求，家具就为满足人类活动过程中所处某一建筑空间的此类功能需要而被设计、使用。以此我们可以根据不同的建筑环境和使用需求对家具进行分类，将其分为住宅建筑家具和公共建筑家具、户外家具3大类。

（1）住宅建筑家具

住宅建筑家具也就是指民用家具，是人类日常基本生活中离不开的家具，也是类型多、品种复杂、式样丰富的基本家具类型。按照现代住宅建筑的不同空间划分，可分为客厅与起居室（图6-6）、门厅与玄关、书房与工作室、儿童房与卧室、厨房与餐厅、卫生间与浴室家具等。

（2）公共建筑家具

相对于住宅建筑，公共建筑是一个系统的建筑空间与环境空间，公共建筑的家具设计多根据建筑的功能和社会活动的内容而定，具有专业性强、类型较少、数量较大的特点。公共建筑家具在类型上主要有办公家具、酒店家具（图6-7）、商业展示家具、学校家具等。

（3）户外家具

随着当代人们环境意识的觉醒和强化，环境艺术、城市景观设计日益被人们重视，建筑设计

图6-6　客厅家具

图6-7　酒店家具

图6-8　庭院家具

图6-9　街道家具

师、室内设计师、家具设计师、产品设计师和美术家正在把精力从室内转向室外，转向城市公共环境空间，从而创造出一个更适宜人类生活的公共环境空间。于是，在城市广场、公园、人行道、林荫路上，将设计和配备越来越多的供人们休闲的室外家具；同时，护栏、花架、垃圾桶、候车厅、指示牌、电话亭等室外建筑与家具设施也越来越多受到城市管理部门和设计界的重视，成为城市环境景观艺术的重要组成部分。我们大致可以将户外家具分为庭院家具和街道家具两类（图6-8、图6-9）。

6.1.2.3　按制作材料分类

把家具按材料与工艺分类，主要是便于我们掌握不同的材料特点与工艺构造。现代家具已经日益趋向于多种材质的组合，传统意义上的单一材质家具已经日益减少。在工艺结构上也正在走向标准化、部件化的生产工艺，早已突破传统的榫卯框架工艺结构，开辟了现代家具全新的工艺技术与结构形式。因此，在家具分类中仅仅是按照一件家具的主要材料与工艺来分，便于学习和理解。

（1）木质家具

古今中外的家具用材均以木材和木质材料为主。木质家具主要包括实木家具和木质材料家具，前者是对原木材料实体进行加工；后者是对木质进行二次加工成材，如以胶合板、刨花板、中密度纤维板、细木工板等人造板材为基材，对表面进行油漆、贴面处理而成的家具，相对于实木，在科技与工艺支持下，人造板材可以赋予家具一些特别的形态（图6-10）。

（2）金属家具

金属家具是指完全由金属材料制作或以金属管材、板材或线材等作为主构件，辅以木材、人造板、玻璃、塑料等制成的家具。金属家具可分为纯金属家具、与木质材料搭配的金属家具、与塑料搭配的金属家具、与布艺皮革搭配的金属家具及与竹藤材搭配的金属家具等。金属材料与其他材料的巧妙结合，可以提高家具的性能，增强家具的现代感（图6-11）。

●图6-10　木质座椅

●图6-11　金属家具

（3）塑料家具

一种新材料的出现对家具的设计与制造能产生重大和深远的影响，例如，轧钢、铝合金、镀铬、塑料、胶合板、层积木等。毫无疑问，塑料是20世纪对家具设计和造型影响最大的材料之一。塑料制成的家具具有天然材料家具无法代替的优点，尤其是整体成型自成一体，色彩丰富，防水防锈，成为公共建筑、室外家具的首选材料。塑料家具除了整体成型外，还可制成家具部件与金属、材料、玻璃等配合组装成家具（图6-12）。

（4）软体家具

软体家具在传统工艺上是指以弹簧、填充料为主，在现代工艺上还包括泡沫塑料成型以及充气成型的具有柔软舒适性能的家具，如沙发、软质座椅、坐垫、床垫、床榻等。这是一种应用很广的普及型家具（图6-13）。

（5）玻璃家具

玻璃家具一般采用高硬度的强化玻璃和金属框架，玻璃的透明清晰度高出普通玻璃的4～5倍。高硬度强化玻璃坚固耐用，能承受常规的磕、碰、击、压的力度，完全能承受和木质家具一样的重量。

●图6-12　塑料家具

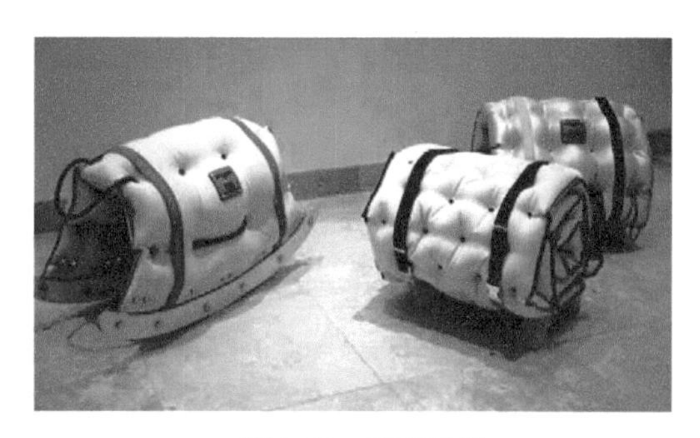

●图6-13　充气沙发

●图6-14　玻璃家具

●图6-15　石材家具

用20mm甚至25mm厚的高明度车用玻璃做成的家具是现代家具装饰业正在开辟的新领地。高硬度强化玻璃坚固耐用，能承受常规的磕、碰、击、压的力度，将逐渐打消消费者以往的顾虑，而更被这种由高科技工艺与新颖建材结合而成的新潮家具所演绎出的一派现代生活的浪漫与文化品位所深深吸引。玻璃家具的常用常新也是受到青睐的一个重要因素（图6-14）。

（6）石材家具

家具使用的石材有天然石和人造石两种。全石材家具在室内环境中用得很少，石材在家具中多用于全台面等局部，如茶几的台面和橱柜的台面等。要么起到防水与耐磨的作用，要么形成不同材质的对比（图6-15）。

6.1.3 家具设计的内容和原则

6.1.3.1 家具设计的内容

家具设计既要满足人在空间中的使用要求，又要满足人的审美需求，即满足家具的双重功能——使用功能和审美功能。家具审美功能产生的途径主要有以下两个。

第一，通过生成过程、生产材料、生产技术及最终产品产生视觉之美，主要通过形态加以体现，即造型之美。

第二，是与技术相关联的功能之美，是技术与艺术相结合形成的美感，即技术之美。家具设计在内容上主要包括艺术设计和技术设计以及与之相适应的经济评估方面的内容。家具的艺术设计就是针对家具的形态、色彩、尺度、肌理等要素对家具的形象进行设计，即通常所说的家具造型设计。在设计时，需要设计师具有一定的艺术感性思维，以艺术化的造型语言来反映某种思想和理念，通过消费者的使用和审美对其产生精神上的作用。

家具技术设计就是对家具中所包括的各种技术要素（如材料、结构、工艺等）进行设计，设计的主要内容包括如何选用材料和确定合理的结构，如何保证家具的强度和耐久性，如何使其功能得到最大限度地满足使用者需求等，整个设计过程是以“结构与尺寸的合理与否”为设计原则。通过实践证明，家具的技术设计与艺术设计并不是独立的过程，两者在内容上相互包含。家具设计的内容见表6-1。

表6-1　家具设计的内容

家具艺术设计内容	造型	形态、体量、虚实、比例、尺度等
	色彩	整体色彩、局部色彩等
	肌理	质感、纹理、光泽、触感、舒适感、亲近感、冷暖感、柔软感等
	装饰	装饰形式、装饰方法、装饰部位、装饰材料等
家具技术设计内容	功能	基本功能、辅助功能、舒适性、安全性等
	尺寸	总体尺寸、局部尺寸、零部件尺寸、装配尺寸等
	材料	种类、规格、含水率要求、耐久性、物理化学性能、加工工艺性、装饰性等
	结构	主体结构、部件结构、连接结构等

6.1.3.2　家具设计的原则

家具设计是一种设计活动，因此它必须遵循一般的设计原则。“实用、经济、美观”是适合于大多数设计的一般性准则。随着社会的富裕、人们生活水平的提高，对家具等日常生活用品也提出了新的要求，把“绿色”也加入家具设计的基本准则之中，归结起来，主要有以下4点。

（1）实用性

“实用”是家具设计的本质与目的，主要针对家具的物质功能。家具设计首先必须满足它的直接用途，适应使用者的需求，并且保证产品的使用性能优异和使用功能科学。

如果家具不能满足基本的物质功能需求，那么再好的外观也是没有意义的。如餐桌用于进餐，西餐桌可以设计为长条状的，因为通常是分餐制的；而中餐桌往往需要设计成圆形或方形的，因为中国餐饮文化以聚餐为核心，长条状的餐桌不能适应中国人的用餐习惯。

家具的使用性能一般取决于家具的材料、结构等因素，要求在使用过程中稳定、耐久、牢固、安全等。设计师要遵从力学、机械原理、材料学、工艺学的要求进行结构、零部件形状与尺寸、零部件加工等设计，保证家具产品使用性能优异。

家具设计是否科学，主要体现在家具使用的舒适、安全、省力等方面。设计师在设计过程中应充分考虑其形态对人的生理、心理方面的影响，按照人体工程学的要求指导人机界面、尺度、舒适性、宜人性等方面设计。

（2）美观性

美观性原则主要是指家具产品的造型美，是其精神功能所在，是对家具整体美的综合评价，分别包括产品的形式美、结构美、工艺美、材质美以及产品的外观和使用中所表现出来的强烈的时代感、社会性、民族性和文化性等。家具产品的“美”是建立在“用”的基础上的，尽管有美的法则，但美不是空中楼阁，必须根植于由功能、材料、文化所带来的自然属性中，产品的造型美应有利于功能的完善和发挥，有利于新材料和新技术的应用。如果单纯追求产品形式美而破坏了产品的使用功能，那么即使有美的造型也是无用之物。此外，家具设计还必须考虑产品造型带给人们的心理、生理影响及视觉感受。

（3）经济性

家具设计的经济性原则应包括两个方面：一是对于企业，要保证企业利润的最大化；二是对于消费者，要保证其物美价廉、物有所值。这两者看似矛盾，不过也正因为这样，设计师的价值才得到了充分的体现。经济性将直接影响家具产品在市场上的竞争力，好的家具不一定是贵的家具，但设计的原则也并不意味着盲目追求便宜，而是以功能价值比为原则。设计师需掌握价值分析的方法，一方面避免功能过剩；另一方面要以最经济的途径来实现所要求的功能目标，在进行产品设计时，还需要充分考虑生产成本、原材料消耗、产品的机械化程度、生产效率、包装运输等方面的经济性。

我们认为：“没有最好的设计，只有最适合的设计。”例如，一些外形简单但适合大批量生产、造型单调但具有较高的实用价值、用材普通但具有较低的成本、耐久性较差但适合临时使用需求的产品，用设计的一般原则来衡量这类家具时，的确不能算是好的设计和好的产品。但考虑到一些特定人群（如低收入人群）和特定市场（如相对贫穷的农村市场），对该设计的评价就可能完全不一样了。

（4）绿色化

绿色化就是在设计中关注并采取措施去减弱由于人类的消费活动而给自然环境增加的生态负荷，要在资源可持续利用的前提下实现产业的可持续发展。因此，家具设计必须考虑减少原材料、能源的消耗，考虑产品的生命周期，考虑产品废弃物的回收利用，考虑生产、使用和废弃后对环境的影响等问题，以实现行业的可持续发展。

家具设计应是绿色和健康的，设计应遵循3R原则，即Reduce（减少）、Reuse（重复使用）和Recycle（循环），即“少量化、再利用、资源再生”。

少量化主要是指对一切材料和物质尽量最大限度地利用，以减少资源与能量消耗，如设计中简化结构，生产中减少消耗，流通中减少成本，消费中减少污染等。但需要指出的是，少量化设计并不是简单地减少，而是在设计结构与造型等内容时更多地倾注理性、科学的成分，合理的产品功能、牢固的结构、合理的用料、延长使用寿命，自然可达到“少量化”的目的。再则就是从设计生产上抵制个人的“过度消费”和“盲目消费”等消费行为，通过设计来引导产品资源的利用和分配使其更加合理。

再利用主要是针对家具部件和整体的可替换性而言的。在不增加生产成本的前提下，每个部件，特别是关键部位、易损坏零部件结构自身的完整性，对于再利用有着特别的意义，它可以保证产品零部件在损坏时可以不破坏整体结构从产品主体上拆除并更换。如一张木凳，当其一条腿损坏时，我们可以在不改变其主体结构的情况下通过更换另一条腿继续使用，这就是我们所指的再利用。

资源再生也称为“无废技术”。1984年联合国欧洲经济委员会对无废技术的定义是：“无废技术是一种生产产品的方法,借助这一方法，所有的原料和能源将在原料资源、生产、消费、二次原料资源的循环中得到最合理的利用，同时不致破坏环境。”

再生资源利用是清洁生产的核心内容之一。据美国国会技术评审局的一个报告，再生材料利用具有巨大的节能潜力。

一般再生家具设计过程中所使用的都是一些可再生循环的资源材料，它们都是可以循环利用的无害材料，生活固体废弃物作为一种可被有效利用的再生资源越来越广泛地应用于家具设计中。如今纸材越来越多地走入了大众的生活中，现代以纸类材料做成的家具已经具备了其他传统家具防水、防蛀、防霉和稳定性的特点，不但成本低、质量轻，还可以循环利用。如今随着科技进步，纸类材料不断发展，种类日渐繁多。如图6-16所示，荷兰的设计师利用废旧报纸的纹理，将它们压制、切割成各种各样的家具，得到很好的社会反响。该产品的运用将会节约大量的木材，生活中诸如橱柜、灯罩、凳子、书桌、镜框、柜子等可以用它压制而成，它的防火性也比较高，由于高度压缩，纸张之间空隙非常小，中间没有足够的空气，使之不易燃烧。

图6-16 荷兰的设计师利用废旧报纸做成的家具

6.1.4 家具对室内环境的影响

家具是构成建筑环境室内空间的使用功能和视觉美感的至关重要的因素。尤其是在科学技术高速发展的今天，由于现代建筑设计和结构技术都有了很大的进步，建筑学的学科内涵有了很大的发展，现代建筑环境艺术、室内设计与家具设计逐渐从建筑学科中分离出来，形成几个新的专业。由于家具是建筑室内空间的主体，人类的工作、学习和生活在建筑空间中都是以家具来演绎和展开的，无论是生活空间、工作空间、公共空间，在建筑室内设计上都是要把家具的设计与配套放在首位，家具是构成建筑室内设计风格的主体，然后再顺序深入考虑天花、地面、墙、门、窗各个界面的设计，加上灯光、布艺、艺术品陈列、现代电器的配套设计，综合运用现代人体工学、现代美学、现代科技的知识，为人们创造一个功能合理、完美和谐的现代文明建筑室内空间。由此可见，家具设计要与建筑室内设计相统一，家具的造型、尺度、色彩、材料、肌理要与建筑室内相适应，家具设计人员要深入研究、学习建筑与室内设计专业的相关知识和基本概念。现代家具设计从19世纪欧洲工业革命开始就逐步脱离了传统的手工艺的概念，形成一个跨越现代建筑设计、现代室内设计、现代工业设计的现代家具新概念。

家具对室内环境的影响主要体现在以下几个方面。

6.1.4.1 组织空间的作用

建筑室内为家具的设计、陈设提供了一个限定的空间，家具设计就是在这个限定的空间中，以人为本，去合理组织安排室内空间的设计。在建筑室内空间中，人从事的工作、生活

● 图6-17 希腊Rhodos餐厅设计

方式是多样的，不同的家具组合，可以组成不同的空间。如沙发、茶几（有时加上灯饰）与组合音响柜组成起居、娱乐、会客、休闲的空间；餐桌、餐椅、酒柜组成餐饮空间；整体化、标准化的现代厨房组合成备餐、烹调空间；电脑工作台、书桌、书柜、书架组合成书房、家庭工作室空间；会议桌、会议椅组成会议空间；床、床头柜、大衣柜可以组合卧室空间。随着信息时代的到来与智能化建筑的出现，现代家具设计师针对不同的建筑空间将不断创造新的家具和新的设计时空。如图6-17所示为希腊Rhodos餐厅设计。

6.1.4.2 分隔空间的作用

在现代建筑中，由于框架结构的建筑越来越普及，建筑的内部空间越来越大、越来越通透，无论是现代的大空间办公室、公共建筑，还是家庭居住空间，墙的空间隔断作用越来越多地被隔断家具所替代，既满足了使用的功能，又增加了使用的面积。如整面墙的大衣柜、书架，各种通透的隔断与屏风，大空间办公室的现代办公家具组合屏风与护围，组成互不干扰又互相连通的具有写字、电脑操作、文件储藏信息传递等多种功能的办公单元。家具取代墙在建筑室内分隔空间，特别是在室内空间造型上大大提高了室内空间的利用率，丰富了建筑室内空间的造型。如图6-18所示为Hair Stylist美发沙龙空间设计。

●图6-18　Hair Stylist美发沙龙空间设计

●图6-19　将楼梯间的空间打造成书架

6.1.4.3 填补空间的作用

在空间的构成中，家具的大小、位置成为构图的重要因素，如果布置不当，会出现轻重不均的现象。因此，当室内家具布置存在不平衡时，可以应用一些辅助家具，如柜、几、架等设置于空缺的位置或恰当的壁面上，使室内空间布局取得均衡与稳定的效果。

另外，在空间组合中，经常会出现一些尺度低矮的尖角等难以正常使用的空间，布置合适的家具后，这些无用或难用的空间就变得有用起来。如坡屋顶住宅中的屋顶空间，其边沿是低矮的空间，我们可以布置床或沙发来填补这个空间，因为这些家具为人们提供低矮活动的可能性，而有些家具填补空间后则可作为储物之用（图6-19）。

6.1.4.4 创造空间氛围

作为室内空间的设计主体，家具无论在空间体系，还是造型、色彩的艺术倾向上都对创造整体空间的意境效果起着决定性的影响。通过家具的艺术形象表达室内空间设计的思想、风格、情调是从古至今常用的设计手法。不只是传统家具，现代风格家具也已经成为某些文化理念的符号。

6.1.4.5 间接扩大空间的作用

用家具扩大空间是以它的多用途和叠合空间的使用及贮藏性来实现的，特别在小户型家居空间中，家具扩大空间的作用是十分有效的。间接扩大空间的方式有以下3种。

（1）壁柜、壁架方式

固定式的壁柜、吊柜、壁架家具可利用过道、门廊上部或楼梯底部、墙角等闲置空间，从而将各种杂物有条不紊地贮藏起来，起到扩大空间的作用。

（2）多功能家具和折叠式家具

能将许多本来平行使用的空间加以叠合使用，如组合家具中的翻板书桌、组合橱柜中的翻板床、多用沙发、折叠椅等。它们可以使同一空间在不同时间作多种使用（图6-20）。

（3）嵌入墙内的壁式柜架

由于其内凹的柜面，使人的视觉空间得以延伸，起到扩大空间的效果（图6-21）。

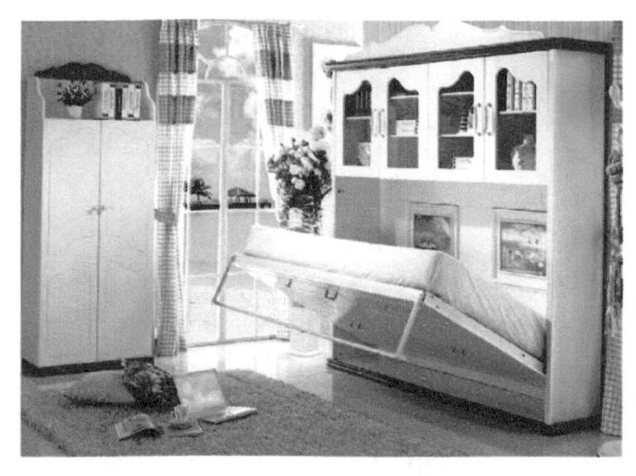

图6-20　翻板床

图6-21　嵌入式衣柜

6.1.4.6 调节室内环境的色彩

室内环境的色彩是由构成室内环境各个元素的材料固有颜色所共同组成的，其中包括家具本身的固有色彩。由于家具的陈设作用，家具的色彩在整个室内环境中具有举足轻重的作用。在室内色彩设计中，用得较多的设计原则是“大调和、小对比”，其中，小对比的设计手法，往往就落在家具和陈设上。如在一个色调沉稳的客厅中，一组色调明亮的沙发会带来精神振奋和吸引视线从而形成视觉中心的作用；在色彩明亮的客厅中，几个彩度鲜艳、明度深沉的靠垫会造成一种力度感的气氛。另外，在室内设计中，经常以家具织物的调配来构成室内色彩的调和或对比调子。

深色系是全世界咖啡店惯用的颜色。而位于纽约的Voyager Espresso咖啡店（图6-22）则一反常态地将冰冷的未来感作为设计方向，搭配极简的室内装饰营造出这样一个超现实空间。设计师天马行空地进行光线设计，银色墙面与冷色灯光的搭配呈现出一种科学实验室的既视感。

6.1.4.7 反映民族文化和营造特定的环境氛围

由于家具的艺术造型及风格带有强烈的地方性和民族性，因此在室内设计中，常常利用家具的这一特性来加强设计的民族传统文化的表现及特定环境氛围的营造。

在居家室内，则根据主人的爱好及文化修养来选用各具特色的家具，以获得现代的、古典的或民间充满自然情调的环境气氛（图6-23）。

图6-22　纽约咖啡店Voyager Espresso

图6-23　北京和合谷餐厅空间设计

6.1.4.8 陶冶人们的审美情趣

家具经过设计师的设计、工匠的精心制作，成为一件件实用的工艺品，它的艺术造型渗透着流传至今的各种艺术流派及风格。人们根据自己的审美观点和爱好来挑选家具，但使人惊奇的是人们会以群体的方式来认同各种家具式样和风格流派的艺术形式，其中有些人是主动接受的，有些人是被动接受的，也就是说，人们在较长时间与一定风格的造型艺术接触下，受到感染和熏陶后出现的品物修养，越看越爱看、越看越觉得美的情感油然而生。另外，在社会生活中，人们还有接受他人经验、信息媒介和随波逐流的消费心理，间接地产生艺术感染的渠道，出现先跟潮购买，后受陶冶而提高艺术修养的过程（图6-24）。

图6-24　涂鸦的墙壁和个性的艺术造型——Dynamic办公空间设计

6.1.5 家具的选择与布置

6.1.5.1 家具的选择

如今市场上的家具品牌多、品种多，且家具在实用性、装饰性、舒适性和环保性上都参差不齐，如何在繁多的家具中筛选出适合项目所需要的家具呢？

我们可以从家具的功能、材料、风格、造型、色彩、尺度大小、制作工艺、性价比等角度筛选。在选择过程中，切记家具必须满足室内设计从视觉到功能的整体要求，紧跟整个室内环境的设计方向。它需要契合整个空间的尺度大小，适合整个环境的视觉效果及活动氛围，满足整个空间的功能使用，符合客户的预算范围。

6.1.5.2 家具的布置原则

不同的家具布置手法会给人的使用、视觉、心理造成不同影响，因此家具的布置原则中，也可以从功能、视觉、心理这几方面入手。首先是从人员的活动习惯和空间功能的角度着手，制订出实用的流线，用家具划分空间，围合出合理的停留走动区域。其次考虑家具之间在尺度、材质、色彩等方面的对比、统一、均衡关系所产生的视觉形象。最后从心理角度出发，利用家具的高度、色彩等形成一定的限定关系，来营造出亲切或压抑、放松或拘谨等空间效果。在确定大布局后，再在一些“小”位置处摆放辅助家具，以提高空间利用率和使用舒适度。

家具摆放的常见方式有以下几种。

（1）周边式

家具沿四周墙体布置，留出中间区域，如图6-25所示。

图6-25　书房设计

（2）中心式

将家具布置在空间中心位置，留出周边区域，如图6-26所示。

（3）单边式

家具集中放于一侧，留出另一侧的空间。

（4）走道式

家具布置在室内两侧，留出中间走道。

图6-26　Boodle Hatfield律师事务所伦敦办公室设计

6.2　室内陈设设计

空间的功能和价值也常常需要通过陈设品来体现。室内陈设或称摆设，是继家具之后的又一室内重要内容。陈设品的范围非常广泛，内容极其丰富，形式也多种多样，随着时代的发展而不断变化。但是作为陈设的基本目的和深刻意义，始终是以其表达一定的思想内涵和精神文化方面为着眼点，并起着其他物质功能所无法代替的作用。它对室内空间形象的塑造、气氛的表达、环境的渲染起着锦上添花、画龙点睛的作用，也是完整的室内空间所必不可少的内容。

同时，也应指出，陈设品的展示也不是孤立的，必须和室内其他物件相互协调和配合。此外，陈设品在室内的比例中毕竟是不大的，因此为了发挥陈设品所应有的作用，陈设品必须具有视觉上的吸引力和心理上的感染力。也就是说，陈设品应该是一种既有观赏价值又能供人品味的艺术品。

6.2.1 室内陈设的作用

（1）改善空间形态

在空间中利用家具、地毯、雕塑、植物、景墙、水体等创造出次级空间，使其使用功能更合理，层次感更强。这种划分方式是从视觉和心理情感上划分了空间，形成了领域感，也就是情感上的归属感。

（2）柔化室内空间

现代城市中钢筋混凝土建筑群的耸立使头顶的蓝天变得越来越狭小、冷硬、沉闷，使人愈发不能喘息，致使人们强烈地寻求自然的柔和。陈设艺术以其独特的质感，象征性地帮助人寻找失去的自然。

（3）烘托室内氛围

恰当的室内陈设，将给房间带来不一样的氛围，或优美、或幽静、或文艺、或热烈，彰显主人不同的品位。

（4）强化室内风格

合理的陈设设计对空间环境风格起着强化作用，利用陈设的造型、色彩、图案、质感等特性进一步加强环境的风格化。

（5）调节环境色调

室内陈设色彩与空间的搭配，既要满足审美的需要，又要充分运用色彩美学原理来调节空间的色调，这对人们的生理和心理健康有着积极的影响。

（6）体现地域特色

地域不同，人们的心理特征与习惯、爱好等都会有所差异，这一点在陈设艺术设计时应予以重视。可以说，地方的文化、风俗和历史文脉在陈设品上一览无遗。

（7）表达个性爱好

在今天这个彰显自我意识、提倡多元文化的年代，陈设也与时俱进地发生变化。陈设的种类越多，展现方式则越丰富，在表述的心态上也更自然、轻松和随意。

6.2.2 常用的室内陈设种类

6.2.2.1 字画

字画（图6-27）在居室装饰中，是不可缺少的点缀品。它不仅可以美化房间，而且反映出主人的文化品位。如何使书画与居室格调相配呢？

① 根据房间的主色调选择画的颜色　根据统一或对比的需要，我们可以选择与房间的主色调以类似色或对比色的画幅相配。如感到居室这一端的色调统一有余，需要来一点活泼感，不妨选择色彩明快、对比强烈的现代画或与墙面颜色对比明显的画色，也就是与墙色呈互补关系。

中国字画以浓淡干湿的墨色形成自己高雅、隽永的独特风格，其装裱形式非常独特，常常是装轴悬挂，这就要求布置者有较高的艺术素养。如果在不协调的环境下悬挂中国字画，不仅效果差，而且显得别扭、不和谐。

② 根据装修的风格选择画的内容　选什么样的画都要与室内的气氛相协调，否则反而破坏了整体环境。居室装修如果是古典风格的，就要选择具象些的画；现代风格的装修要选择抽象些的画。目前居室装修风格主要为现代欧式（明朗、简约）、美式现代（融合古典现代元素、华丽气派）及中式风格。

图6-27　字画

在张挂字画前，应首先考虑以下问题：

第一，在哪个位置张挂？挂几幅？
第二，利用什么构图方案？平行垂直？还是水平方向？

第三，选择什么主题？

第四，用什么画框相配？是否和其他家具陈设或室内色彩协调？

字画的尺寸和形状与它所占墙面及靠墙摆放的家具有关。如墙面较空时，可悬挂一幅尺寸较大的字画或一组排列有序的小尺寸字画。如将字画张挂在床头或沙发上方，应挂得稍低一些。一般字画悬挂高度在视觉水平线上较为适宜，约为1.7m。在墙上设置一组字画往往比只挂一幅字画效果要好。如一组字画中尺寸有大小之分，那应以大的为中心，其他几幅小画围绕中心悬挂。如几幅字画的形状尺寸相同，可采用对称式布置。

6.2.2.2 灯具

灯具按安装方式一般可分为嵌顶灯、吸顶灯、吊灯、壁灯、活动灯具和建筑照明灯具。按光源可分为白炽灯、荧光灯和高压气体放电灯。按使用场所可分为民用灯、建筑灯、工矿灯、车用灯、船用灯和舞台灯等。按配光方式可分为直接照明型、半直接照明型、全漫射式照明型和间接照明型等。各种具体场所灯具的选择方法如下。

（1）客厅

客厅如果层高较高，宜用三叉至五叉的白炽吊灯，或一个较大的圆形吊灯，这样可使客厅显得空间感强。不宜用全部向下配光的吊灯，而应使上部空间也有一定的亮度，以缩小上下空间亮度差别。客厅空间的立灯、台灯就以装饰为主，它们是搭配各个空间的辅助光源，为了与空间协调搭配，造型太奇特的灯具不适宜使用。

如果房间较低，可用吸顶灯加落地灯，这样，客厅便显得温馨，具有时代感。落地灯配在沙发旁边，沙发侧面茶几上再配以装饰性台灯，或在附近墙上安置较低壁灯。这样不仅看书时有局部照明，而且在会客交谈时还增添了亲切和谐的气氛。

（2）书房

书房台灯的选型应适应工作性质和学习需要，宜选用带反射罩、下部开口的直射台灯，也就是工作台灯或书写台灯，台灯的光源常用白炽灯、荧光灯。

白炽灯显色指数比荧光灯高，而荧光灯发光效率比白炽灯高，它们各有优点，可按个人需要或对灯具造型式样的爱好来选择。

（3）卧室

卧室一般不需要很强的光线，在颜色上最好选用柔和、温暖的色调，这样有助于烘托出舒适温馨的氛围，可用壁灯、落地灯来代替室内中央的主灯。壁灯宜用表面亮度低的漫射材料灯罩。这样可以使卧室显得柔和，利于休息。床头柜上可用子母台灯，大灯作阅读照明，小灯供夜间起床用。

另外，还可在床头柜下或低矮处安上脚灯，以免起夜时受强光刺激。

（4）卫生间

卫生间宜用壁灯，这样可避免蒸汽凝结在灯具上，影响照明和腐蚀灯具。

（5）餐厅

餐厅灯罩宜用外表光洁的玻璃、塑料或金属材料，以便随时擦洗。也可用落地灯照明，在附近墙上还可适当配置暖色壁灯，这样会使宴请客人时气氛更加热烈，能增进食欲。

（6）厨房

厨房灯具要安装在能避开蒸汽和烟尘的地方，宜用玻璃或搪瓷灯罩，便于擦洗又耐腐蚀。

追求时尚的家庭，可以在玄关、餐厅、书柜处安置几盏射灯，不但能突出这些局部的特殊装饰效果，还能显出别样的情调。要根据自己的艺术情趣和居室条件选择灯具。一般家庭可以在客厅中多采用一些时髦的灯具，如三叉吊灯、花饰壁灯、多节旋转落地灯等。

住房比较紧张的家庭不宜装过于时髦的灯具，以免增加拥挤感。低于2.8m层高的房间也不宜装吊灯，只能装吸顶灯才能使房间显得高些。

灯具的色彩要服从整个房间的色彩。为了不破坏房间的整体色彩设计，一定要注意灯具的灯罩，外壳的颜色应与墙面、家具、窗帘的色彩相协调（图6-28）。

图6-28　卧室灯具

6.2.2.3　摄影作品

摄影作品（图6-29）是一种纯艺术品，和绘画的不同之处在于摄影只能是写实的和逼真的。少数摄影作品经过特技拍摄和艺术加工，也有绘画效果，因此摄影作品的一般陈设要求和绘画基本相同。而巨幅摄影作品常作为室内扩大空间感的界面装饰，意义已有所不同。摄影作品制成灯箱广告，这是不同于绘画的特点。

图6-29 摄影作品

图6-30 根塑——富有质感品位的公寓设计

由于摄影能真实地反映当地当时所发生的情景，因此某些重要的历史性事件和人物写照，常成为值得纪念的珍贵文物。因此，它既是摄影艺术品又是纪念品。

6.2.2.4 雕塑

瓷塑、钢塑、泥塑、竹雕、石雕、晶雕、木雕、玉雕、根雕等是我国传统工艺品之一，题材广泛，内容丰富，巨细不等，流传于民间和宫廷，是常见的室内摆设，有些已是历史珍品。现代雕塑的形式更多，有石膏、合金等。雕塑有玩赏性和偶像性（如人、神塑像）之分，它反映了个人情趣、爱好、审美观念、宗教意识和崇拜偶像等。雕塑立体，感染力常胜于绘画。雕塑的表现还取决于光照、背景的衬托以及视觉方向（图6-30）。

6.2.2.5 盆景

盆景在我国有着悠久的历史，是植物观赏的集中代表，被称为有生命的绿色雕塑。盆景的种类和题材十分广阔，它像电影一样，既可表现特写镜头，如一棵树桩盆景，老根新芽，充分表现植物的刚健有力，苍老古朴，充满生机；又可表现壮阔的自然山河，如一盆浓缩的山水盆景，可表现崇山峻岭、湖光山色、亭台楼阁、小桥流水，千里江山，尽收眼底，可以得到神思卧游之乐（图6-31）。

图6-31 盆景

●图6-32　铁皮玩具

●图6-33　瓷碗

6.2.2.6　工艺美术品、玩具

工艺美术品的种类和用材更为广泛，有竹、木、草、藤、石、泥、玻璃、塑料、陶瓷、金属、织物等。有些本来就是属于纯装饰性的物品，如挂毯；有些是将一般日用品进行艺术加工或变形而成，旨在发挥其装饰作用和提高欣赏价值，而不再实用。这类物品常有地方特色以及传统手艺，如不能用来买菜的篮子，不能坐的飞机，常称为玩具（图6-32）。

6.2.2.7　个人收藏品和纪念品

个人的爱好既有共性，也有特殊性，家庭陈设的选择往往以个人的爱好为转移。不少人有收藏各种物品的癖好，如邮票、钱币、字画、金石、钟表、古玩、书籍、乐器、兵器以及各式各样的纪念品等，作为传世之宝，这里既有艺术品也有实用品。其收集领域之广阔，几乎无法予以规范。但正是这些反映不同爱好和个性的陈设，使不同家庭各具特色，极大地丰富了社会交往内容和生活情趣（图6-33）。

6.2.2.8　日用装饰品

日用装饰品是指日常用品中，具有一定观赏价值的物品，它和工艺品的区别是，日用装饰品主要还是在于其可用性。这些日用品的共同特点是造型美观、做工精细、品位高雅，在一定程度上，具有独立欣赏的价值，因此，可以将它们放在醒目的地方去展示，如餐具、烟酒茶用具、植物容器、电视音响设备、日用化妆品、古代兵器、灯具等（图6-34）。

6.2.2.9　织物

织物陈设，除少数作为纯艺术品外，如壁挂、挂毯等，大量作为日用品装饰，如窗帘、台布、桌布、床罩、靠垫、家具等蒙面材料。它的材质形色多样，具有吸声效果，使用灵活，便于更换，使用极为普遍。由于它在室内所占的面积比例很大，对室内效果影响极大，因此是一个不可忽视的重要陈设（图6-35）。

● 图6-34 茶具作为装饰品陈设

● 图6-35 挂毯

6.2.3 室内陈设的布置原则

（1）室内的陈设应与室内使用功能相一致

一幅画、一件雕塑、一副对联，它们的线条、色彩，不仅为了表现本身的题材，也应和空间场所相协调。只有这样才能反映出不同的空间特色，形成独特的环境气氛，赋予深刻的文化内涵，而不流于华而不实、千篇一律。

（2）室内陈设品的大小、形式应与室内空间家具尺度取得良好的比例关系

室内陈设品过大，常使空间显得小而拥挤；过小，又可能使室内空间显得过于空旷。局部的陈设也是如此，例如沙发上的靠垫做得过大，使沙发显得很小；而过小，则又如玩具一样很不相称。陈设品的形状、形式、线条更应与家具和室内装修取得密切的配合，运用多样统一的美学原则达到和谐的效果。

（3）陈设品的色彩、材质也应与家具、装修统一考虑，形成一个协调的整体

在色彩上可以采取对比的方式以突出重点，或采取调和的方式，使家具和陈设之间、陈设和陈设之间，取得相互呼应、彼此联系的协调效果。

（4）陈设品的布置应与家具布置方式紧密配合

此处要求包括良好的视觉效果，稳定的平衡关系，空间的对称或非对称，静态或动态，对称平衡或不对称平衡，风格和气氛的严肃、活泼、雅静等。除了其他因素外，布置方式也起到关键性的作用。

6.2.4 室内陈设的布置位置

（1）墙面陈设

墙面陈设一般以平面艺术为主，如书、画、摄影、浅浮雕（图6-36）等，或小型的立体饰物，如壁灯、弓、箭等。也常见将立体陈设品放在壁龛中，如花卉、雕塑等，并配以灯光照明，也可在墙面设置悬挑轻型搁架以存放陈设品。

●图6-36　浅浮雕

（2）桌面摆设

桌面摆设包括不同类型和情况，如办公桌、餐桌、茶几、会议桌、略低于桌高的靠墙或沿窗布置的储藏柜和组合柜等。桌面摆设一般均选择小巧精致、宜于微观欣赏的材质制品，并可按时即兴灵活更换（图6-37）。

（3）落地摆设

大型的装饰品，如雕塑、瓷瓶、绿化等，常落地布置，布置在大厅中央的常成为视觉的中心，最为引人注目；也可放置在厅室的角隅、墙边或出入口旁、走道尽端等位置，作为重点装饰，或起到视觉上的引导作用和对景作用（图6-38）。

（4）柜架陈设

数量大、品种多、形色多样的小陈设品，最宜采用分格分层的搁板、博古架，或特制的装饰柜架进行陈列展示，这样可以达到多而不繁、杂而不乱的效果（图6-39）。

● 图6-37 玻璃瓶

● 图6-38 绿植

● 图6-39 置物架

（5）悬挂陈设

空间高大的厅堂，常采用悬挂各种装饰品，如织物、绿化、抽象金属雕塑、吊灯等，弥补空间过于空旷的不足，并有一定的吸声或扩散的效果。居室也常利用角隅悬挂灯具、绿化或其他装饰品，既不占地面空间又装饰了枯燥的墙边角隅（图6-40）。

● 图6-40 悬挂装饰

6.2.5 陈设设计流程

陈设设计流程是保证设计质量的前提，一般分为3个阶段开展工作：方案阶段、陈设设计阶段、预算阶段。

6.2.5.1 方案阶段

此阶段主要的工作有收集陈设设计资料、综合分析硬装情况、陈设设计构思、与同类陈设设计方案比较、陈设设计方案表现。

① 方案表现：以装饰风格元素为主题，对不同风格的不同内容，提取装修的文化内涵为陈设设计服务。室内陈设应表达一定思维、内涵和文化素养，对塑造室内环境形象和表达室内气氛起到画龙点睛的作用。

② 策划文案中应体现地域文化特色。

③ 收集陈设小样。

6.2.5.2 陈设设计阶段

（1）陈设设计准备

① 目的与任务　明确陈设设计的目的与任务是设计前期阶段首先要把握的问题，只有明确需要做什么，才能明白应该做什么、怎样去做，才能产生好的设计构思与计划方案。

② 项目计划书　陈设设计应有相应的项目计划，设计师必须对已知的任务进行内容计划，从内部分析到工作计划，形成一个工作内容的总体框架。

③ 设计资料和文件　对项目性质、现实状况和远期预见等进行调研，根据不同空间的性质与功能要求，客户类型、需求、沟通意见等综合结果，着手陈设设计。

（2）现场硬装分析

① 资料分析　对空间硬件装修进行分析，认识、了解自己的工作内容和基本条件。

② 场地实测　对设计空间进行现场实地测量，并对现场空间的各种空间关系现状做详细记录。

③ 设计咨询

a.情况咨询。设计师对所涉及的各种法律法规要有充分的了解，因为它关系到公共安全、健康。情况咨询内容包括防火、防盗、空间容量、交通流向、疏散方式、日照情况、卫生情况、采暖及人身电器系统等。

b.市场定位。设计师依据对陈设市场的了解，得出相应的市场判断，对其设计初步定位。

c.客户需求。设计者必须充分了解客户的需要，对客户的资金投入、审美要求等尽可能有清晰的把握。

（3）初期方案设计阶段

在初期方案设计阶段，设计师应提供的服务包括以下3方面。

① 审查并了解客户的项目计划内容，把客户需求形成文件，与客户达成共识。
② 初步确认任务内容、时间计划和经费预算。
③ 通过与客户共同讨论，对设计中有关施工的各种可行性方案获得一致意见。

这一阶段最主要的工作是确认项目计划书，对陈设设计的各种要求以及可能实现的状况与客户达成共识。对项目计划的明确和可行性方案进行讨论，要以图纸方案和说明书等文件作为相互了解的基础。

该阶段的工作内容是一套初步设计文件，包括图纸、计划书、概括陈设设计说明。

初期设计阶段的设计文件，要送客户审阅，得到客户认同后才可进行下阶段的工作。

（4）深入设计阶段

① 设计师在客户所批准的初期设计基础上，根据客户对项目计划书、时间以及预算所作的调整，做深入的初期设计计划。

② 深入初期设计阶段工作具有统筹全局的战略意义。以设计任务的相关要求为依据，对陈设的基本使用功能、材料及加工技术等要素进行全面分析，运用空间手段、造型手段、材料手段以及色彩表现手段等，形成一种较为具体的工作内容。其中要有一定的细部表现设计，能明确地表现出技术上的可能性和可行性。

该阶段的设计文件有以下内容。

a. 陈设设计大样图。
b. 材料计划。
c. 详细陈设设计说明。

6.2.5.3 预算阶段

预算是指以设计团体为对象编制的人工、材料、陈设品费用总额，即单位工程计划成本。施工预算是设计团体进行劳动调配，物资技术供应，反映设计团体个别劳动量与社会平均劳动量之间的差别，控制成本开支，进行成本分析和班组经济核算的依据。

编制施工预算的目的是按计划控制设计团体劳动和物资消耗量。它依据施工图、施工组织设计和施工定额，采用实物法编制。

案例

东京传统画具商店“Pigment”室内设计

在日本，采用传统方法生产的传统画具，正因为高贵原材料的短缺和缺乏技艺传承者等问题的严重化而不断减少。有感于此，由知名建筑师隈研吾（Kengo Kuma）负责店面设计，日本寺田仓库（Warehouse Terrada）在东京新开设了一家传统画具商店“Pigment”。

图6-41　展示的工艺品

“Pigment”是家商店，面向专业的艺术家和入门级学生，但它的身份又远远不止于商店，事实上它还兼为博物馆、实验教室和艺廊。

博物馆：这里有日本，乃至亚洲地区自古流传下来的稀有品质的优质画材，包括稀少的古砚台、奈良老店“墨运堂”的墨、岩野制纸的云肌麻纸，等等，将传承传统制法的画材收藏并留传给后代，肩负着博物馆应有的使命。

实验教室：随时都会举办美术大学教授和画材制造商的研讨会。也有专业知识丰富的画材专家会针对画材特性，甚至使用方法提供专业的建议，协助掌握新的技法和表现方式。因此无论是把创作当兴趣的人，还是专业艺术家、艺术研究者等，各种领域的使用者皆能在“Pigment”获得大量知识。

艺廊：以年轻艺术家的作品为中心，展示绘画或雕刻、工艺等种类多元的艺术品（图6-41）。

五颜六色的颜料沿着整扇墙有条有序地摆放，仅是摆放在货架上的颜料就要超过4200种，另外还有200多种老墨、50多种明胶、传统的和纸纸张，以及各种工具画材，可谓应有尽有（图6-42～图6-45）。

还有一种通过烹煮动物、鱼的皮与骨头制作而成的黏合剂，自古以来就在世界上被广泛使用（图6-46）。

●图6-42 五颜六色的颜料

●图6-43 刷子和画笔

●图6-44 砚台

●图6-45 纸张

如图6-47所示，从天花板延伸到屋檐的竹子，让室内和室外合二为一，隈研吾使用以竹帘为灵感的有机曲画构成充满现代感的设计和起伏的天花板。而陈列的画材为室内添加了丰富色彩，仅仅是造访这里，就能丰富我们的想象力。

●图6-46 动物和鱼的皮与骨头制作而成的黏合剂

●图6-47 从天花板延伸到屋檐的竹子

"Pigment"的在线商店也同时开通，在线销售各种稀有画材。

07

室内装饰材料设计

室内装饰材料是指用于建筑内部墙面、顶棚、柱面、地面等的罩面材料。

室内装饰材料种类繁多，按材质分类有塑料、金属、陶瓷、玻璃、木材、无机矿物、涂料、织物、石材等种类；按功能分类有吸声、隔热、防水、防潮、防火、防霉、耐酸碱、耐污染等种类；按装饰部位分类则有墙面装饰材料、顶棚装饰材料、地面装饰材料。

7.1 常规室内装饰材料

7.1.1 木材

木材历来被广泛用于建筑室内装修与装饰，它给人以自然美的享受，还能使室内空间产生温暖与亲切感。居室空间中常见的木质装饰品有木地板、木装饰线条、木饰面板、木花格等。

（1）木地板

常见的木地板可分为实木地板、实木复合地板、强化复合地板和软木地板等。实木地板又名原木地板，是用实木直接加工成的地板。它具有木材自然生长的纹理，冬暖夏凉，脚感舒适，绿色安全。实木的装饰风格返璞归真，质感自然，但在森林覆盖率下降、大力提倡环保的今天，实木地板则更显珍贵。

实木复合木地板是由不同树种的板材交错层压而成，因此克服了实木地板单向同性的缺点，干缩湿胀率小，具有较好的尺寸稳定性，并保留了实木地板的自然木纹和舒适的脚感。实木复合地板兼强化复合木地板的稳定性与实木地板的美观性于一体，而且具有环保优势，是木地板行业发展的趋势。

强化复合地板是一种多层叠压木地板，芯板由木纤维、木屑或其他木质粒状材料压制而成。强化复合地板耐磨性高于实木复合地板，且不变形、不干裂、不沾污及褪色，不需打蜡，耐久性较好，铺设方便。

软木地板被称为“地板的金字塔尖消费”，与实木地板比较更具环保性、隔声性，防潮效果好，带给人极佳的脚感。软木地板对老人和小孩的意外摔倒有极大的缓冲作用，非常适合应用于卧室、书房等空间铺设。另外，软木地板有丰富多彩的图案，极具装饰作用，在国内拥有一定的市场。

（2）木饰面板

常见的木饰面板分为天然木质单板饰面板和人造薄木饰面板。前者为天然木质花纹，纹理图案自然，变异性比较大、无规则；而后者的纹理基本为通直纹理或图案，既具有了木材的优美花纹，又充分利用木材资源，降低成本。常见的人造木饰面板有胶合板、复合木板、纤维板、刨花板、木丝板、木屑板等。

●图7-1　木质隔断

胶合板是将原木旋切成的薄片，用胶黏合热压而成的人造板材，最高层数可达15层。胶合板大大提高了木材的利用率，其主要特点是：材质均匀，强度高，无疵病，幅面大，使用方便，板面具有真实、立体和天然的美感，广泛用作建筑物室内隔墙板、护壁板、顶棚板、门面板以及各种家具及装修。

复合木板又叫“细木工板”，它是由3层板材胶黏压合而成，其上、下面层为胶合板，芯板是由木材加工后剩下的短小木料经加工制得木条，再用胶黏拼合而成的板材。复合木板幅面大，表面平整，使用方便。复合木板可代替实木板应用，现普遍用作建筑室内隔墙、隔断、橱柜等的装修（图7-1）。

7.1.2 塑料

塑料建材已成为建筑工业中除钢材、水泥和木材之外的第四种主要材料，特别是在装饰材料中经常使用。常见的有塑料地板、塑料壁纸、塑料板材、塑料管材、塑料门窗等。塑料具有质轻、绝缘、耐腐、耐磨、绝热、隔声等优良性能。

（1）塑料地板

塑料地板具有加工方便、施工铺设方便、耐磨性好、维修保养方便等特点。其主要缺点是表面不耐刻划、易被烟头损坏等。塑料地板树脂掺量越多，其耐磨性越强。塑料地板按组成和结构可分为PVC塑料地板、塑料涂布地板等。

（2）塑料壁纸

塑料壁纸是以一定材料为基材，在其表面进行涂塑后再经过印花、压花或发泡处理等多种工艺而制成的一种墙面装饰材料。目前，随着工艺技术的改进，新品种层出不穷，如布底胶面，胶面上再压花或印花的墙纸，以及表面静电植绒的墙纸等。塑料壁纸根据需要可加工成具有难燃、隔声、吸声、防霉且不容易结露、不怕水洗、不易受机械损伤的产品，且使用寿命长，易维修保养，表面可擦洗，对酸碱有较强的抵抗能力。

（3）塑料板材

根据塑料所用材料与制品结构，可将塑料板材分成塑料贴面装饰板、PVC塑料装饰板、其他塑料装饰板和塑料金属复合装饰板四大类。例如，常用于卫生间顶棚的铝塑板属于塑料金属复合装饰板的一种，具有耐腐蚀、强度大、抗老化、防水、防潮、不易变形等优点。

（4）塑料管材

塑料管材是塑料制品中的大宗产品，塑料管材与金属管材、水泥管材等传统材料管材相比，具有质量轻、易着色、不需涂装、耐腐蚀、热导率低、绝缘性能好、能耗低、流动阻力小、内壁不结垢、施工安装和维修方便等优点。

（5）塑料门窗

塑料门窗是以聚氯乙烯、改性聚氯乙烯树脂或其他树脂为主要原料，添加适量的助剂、改性剂，经挤出成型制成各种截面的空腹门窗异型材，再根据不同的门窗品种规格选用不同截面的型材组装而成。由于塑料的变形较大，刚度较差，因此，一般在成型的塑料门窗型材的空腔中，嵌装轻钢或铝合金型材加强，从而增加了门窗的刚度，提高了塑料门窗的牢固性和抗风能力（图7-2）。

● 图7-2　流动感塑料顶层设计

7.1.3 金属

常用于装饰的金属材料种类有铝及铝合金、不锈钢、铜及铜合金等。

（1）铝合金

铝的导电性能和导热性能都很好，化学性质也很活泼，为了提高铝的实用价值，往往在铝中加入其他元素组成铝合金。铝合金种类很多，用于建筑装饰的铝合金是变形铝合金中的锻铝合金。铝合金装饰制品有铝合金门窗、铝合金百页窗帘、铝合金装饰板、铝箔、镁铝饰

板、镁铝曲板、铝合金吊顶材料、铝合金栏杆、铝合金扶手等。

（2）不锈钢

不锈钢指耐空气、蒸汽、水等弱腐蚀介质和酸、碱、盐等化学浸蚀性介质腐蚀的钢，又称不锈耐酸钢。在建筑装饰中主要有板材、管材两种形式。用于装饰上的不锈钢主要是板材，表面具有平滑性和光泽性的特征，还可通过表面着色处理进一步提高装饰效果，主要应用在墙柱面、扶手、栏杆等部位的装饰。不锈钢管材主要运用于制作不锈钢电动门、推拉门、栏杆、扶手、五金件等。

（3）铜及铜合金

纯铜是紫红色的重金属，又称紫铜。铜和锌的合金称作黄铜。其颜色随含锌量的增加由黄红色变为淡黄色，其力学性能比纯铜高，价格比纯铜低，也不易锈蚀，易于加工制成各种建筑五金、建筑配件等。

铜和铜合金装饰制品有铜板、黄铜薄壁管、黄铜板、铜管、铜棒、黄铜管等。它们可作柱面、墙面装饰，也可制作成栏杆、扶手等装饰配件（图7-3）。

图7-3　金属字母隔断

7.1.4 玻璃

目前用在装饰领域的玻璃品种主要有普通平板玻璃、磨砂玻璃、镀膜反光平板玻璃、压花玻璃、雕花玻璃、冰花玻璃、彩釉玻璃、钢化玻璃、夹层玻璃、中空玻璃、玻璃砖、装饰玻璃镜等。这里列举几种常用玻璃材质。

（1）普通平板玻璃

普通平板玻璃有透光、隔声、透视性好的特点，并有一定隔热性、隔寒性。普通平板玻璃硬度高，抗压强度好，耐风压，耐雨淋，耐擦洗，耐酸碱腐蚀；但质脆，怕强震、怕敲击。平板玻璃主要用于门窗、隔断、家具玻璃门等方面。

（2）磨砂玻璃

磨砂玻璃是采用普通平板玻璃，以硅砂、金刚砂、石棉石粉为研磨材料，加水研磨而成，具有透光而不透明的特点。由于光线通过磨砂玻璃后形成漫射，所以这种玻璃还具有避免眩光刺眼的优点。该玻璃主要用于室内门窗、各种隔断、各式屏风等处。

（3）装饰玻璃镜

装饰玻璃镜是采用高质量平板玻璃、茶色平板玻璃为基材，在其表面经镀银工艺，再覆盖一层镀银、一层底漆，最后涂上灰色面漆而制成。装饰玻璃镜与手工镀银镜、真空镀铝镜相比，具有镜面尺寸大，成像清晰逼真，抗盐雾、抗温热性能好，使用寿命长的特点。适合室内空间的墙面、柱面、天花面、造型面的装饰等（图7-4）。

图7-4　墙面装饰玻璃镜

7.1.5 石材

石材包括天然石材和人造石材两大类。天然石材指天然大理石和花岗岩，人造石材则包括水磨石、人造大理石、人造花岗岩和其他人造石材。根据使用部位不同，可分为以下几类。

（1）饰面石材

主要为各种颜色、花纹图案、不同规格的天然花岗石、大理石、板石及人造石材。

（2）墙体石材

主要用在建筑物内外墙，规格各异，如外墙可用蘑菇石、壁石、文化石、幕墙干挂石，天然型、复合型及基础用不同规格块石等。

（3）铺地石材

常用于室内和室外庭院的天然石材成品、半成品和荒料块石等。

图7-5　复古的砖墙——墨尔本 Lee Ho Fook餐厅

（4）装饰石材

如壁画、镶嵌画、壁帘、图案石、文化石、各种异型加工材圆柱（如罗马柱）、方柱、线条石、窗台石、楼梯石、栏杆石、门套等。

（5）环境美化石材

这类石材又称为“环境石”，如路缘石、车止石、台阶石、拼花石、屏石、花盆石、饮水石、石柱、石凳、石桌等（图7-5）。

●图7-6　瓷盘墙面装饰

7.1.6 陶瓷

陶瓷通常指以黏土为主要原料，经原料处理、成型、焙烧而成的无机非金属材料。普通陶瓷制品按所用原材料种类不同以及坯体的密实程度不同，可分为陶器、瓷器和炻器三大类。

●图7-7　陶瓷装饰品

（1）陶器

陶器以陶土为主要原料，经低温烧制而成。断面粗糙无光，不透明，不明亮，敲击声粗哑，有的无釉，有的施釉。陶器根据其原料土杂质含量的不同，又可分为粗陶和精陶两种。烧结黏土砖、瓦、盆、罐、管等，都是最普通的粗陶制品；建筑饰面用的彩陶、美术陶瓷、釉面砖等属于精陶制品。

（2）瓷器

瓷器以磨细岩粉为原料，经高温烧制而成。坯体密度好，基本不吸水，具有半透明性，产品都有涂布和釉层，敲击时声音清脆。瓷器按其原料的化学成分与工艺制作的不同，分为粗瓷和细瓷两种。瓷质制品多为日用细瓷、陈设瓷、美术瓷、高压电瓷、高频装置瓷等（图7-6）。

（3）炻器

炻器是介于陶质和瓷质之间的一类产品，也称半瓷或石胎瓷。炻的吸水率介于陶和瓷之间。炻器按其坯体的细密程度不同，分为粗炻器和细炻器两种。建筑饰面用的外墙面砖、地砖等属于粗炻器；日用器皿、化工及电气工业用陶瓷等属于细炻器（图7-7）。

7.1.7 织物

装饰织物产品按其使用环境和用途一般可分为墙面装饰织物、地面铺设装饰织物、窗帘帷幔、家具披覆织物、床上用品、卫生洗浴织物等。

（1）墙面装饰织物

墙面装饰织物是指以纺织物和编织物为面料制成的墙布或墙纸，具有美化墙面、增加舒适性和隔声功能。根据面料不同可分为织物壁纸、玻璃纤维印花墙布、棉纺装饰墙布、化纤装饰墙布等。

（2）地毯

地毯是以棉、麻、毛、丝等天然纤维或化学合成纤维为原料，经手工或机械工艺进行编结、植绒或纺织而成的地面覆盖物，具有隔热、防潮、减少噪声等功能，有非常显著的装饰效果。

（3）窗帘帷幔

窗帘帷幔在室内空间中可以起到遮光、保温、遮灰尘、隔声、营造空间氛围、柔滑空间线条等作用，主要分为成品帘、布艺帘和窗纱三类。

织物总是给人温暖、安全、舒适之感，但不同织物的质感各不相同，设计师需要善于把握和运用各自的特点进行搭配（图7-8）。

图7-8　织物

7.1.8 涂料

涂料是指涂于物体表面能形成具有保护、装饰或特殊性能（如绝缘、防腐、标志等）的固态涂膜的一类液体或固体材料的总称。油漆是涂料的传统叫法，因为早期大多以植物油为主要原料，故有油漆之称。现合成树脂已大部分或全部取代了植物油，故称为涂料。

图7-9　彩色涂料的运用让空间更加活泼，富有个性

涂料主要包括油（性）漆、水性漆、木器漆、粉末涂料、木蜡油。所以，我们平常所说的油漆只是涂料的一种。涂料是能够改变空间环境最方便快速、最经济的手段之一（图7-9）。

家用油漆可分为内墙涂料、外墙涂料、木器漆、金属用漆、地坪漆。按其施工工序来分，可分为封闭漆、腻子、底漆、二道底漆、面漆、罩光漆。

室内常用涂料主要分为水性涂料和溶剂性涂料两种。产生污染的主要是溶剂性涂料，因为它含有强烈致癌物质——苯及其化合物，而使用环保的水性涂料便可以完全免除对涂料污染的担忧。市场上的墙面漆大多数都采用了水性乳胶漆，但用于家具的木器漆仍大量使用溶剂性漆，防水涂料大多也为溶剂型，在配漆和施工过程中造成空气污染并危害人们健康。相比之下国外防水涂料正朝着水性环保型方向发展，如高性能水性聚合物改性沥青防水涂料、水性聚氨酯防水涂料等。

7.1.9 龙骨

龙骨是用来支撑造型、固定结构的一种建筑材料，是装修的骨架和基材，在居室空间中的使用也非常普遍，例如铺地板前需要在下方铺装龙骨、吊顶需要龙骨做骨架造型、增设阁楼需要龙骨作为楼板支架等。

龙骨的种类很多，根据制作材料的不同，可分为木龙骨、轻钢龙骨等。根据使用部位来划分，又可分为吊顶龙骨、竖墙龙骨、铺地龙骨以及悬挂龙骨等。根据装饰施工工艺不同，还有承重龙骨和不承重龙骨（即上人龙骨和不上人龙骨）等。

木龙骨和轻钢龙骨都以其特有的优势出现在居室空间设计中，木龙骨的优点是价格实惠，可以做任何复杂造型，适合小面积使用；缺点是受潮容易变形，不防火，在施工安装前必须保持干燥，刷防火防腐涂料。而轻钢龙骨具有重量轻、强度高、适应防水、防震、防尘、隔声、吸声、恒温等功效，同时还具有工期短、施工简便等优点，缺点是不能做复杂造型。随着时代的发展，居室空间设计的造型多简洁利落，需要异形龙骨的情况不多，所以轻钢龙骨正在逐渐取代木龙骨，成为居室装修中最常用的结构材料之一（图7-10）。

图7-10　轻钢龙骨

案例

新加坡 Greja 透亮的玻璃别墅设计

设计师采用纯白色的金属框架结构搭配大面积的玻璃材质，为用户提供了绝佳的视野，同时保护了隐私（图7–11）。

以Sungei Bedok河为背景，Park+Associates团队把花园与绿色植物墙巧妙地融入了建筑之中，就像是为房子与自然创造了最直接清晰的对话空间（图7–12）。

外立面的通透性因此显得尤为重要，纯白色的框架结构搭配着大面积的玻璃材质，为住户提供绝佳视野的同时，也模糊了室内与室外的明确界限，但因其终归还是提供居住功能的家庭空间，二楼的大部分空间被分给了主卧室，为了保留必要的个人隐私，二层外立面便使用了半透明的白色粉末涂层金属网（图7–13）。

图7-11　Greja透亮的玻璃别墅

图7-12　设计团队把花园与绿色植物墙巧妙地融入建筑之中

图7-13　纯白色的框架结构搭配大面积的玻璃材质

如图7–14所示为旋转木质楼梯。

想要找到最完美的材料用于外立面的装饰，建筑师测试了不同穿孔板以及不同密度的金属网，考察不同的品类对于房子照明、自然光线以及景观视角等多个维度的影响，最终想要传达出的还是一种简约的美感（图7-15）。

●图7-14　旋转木质楼梯

●图7-15　透亮的玻璃别墅

7.2 装饰材料的选用原则

7.2.1 环保性

在选择材料时，首先要考虑材料的一大隐性因素——绿色环保。一定要在环保、安全的前提下，挑选材料的质地、外观等，千万不要使用国家已经明令禁止的或已淘汰的建筑材料。

7.2.2 实用性

在选用装饰材料时，首先应满足与环境相适应的使用功能。对于外墙应选用耐大气侵蚀、不易褪色、不易沾污、不泛霜的材料。地面应选用耐磨性、耐水性好，不易沾污的材料。厨房、卫生间应选用耐水性、抗渗性好，不发霉、易于擦洗的材料。卧室应选择吸声性好，质地温和的材料。

7.2.3 经济性

在选用装修材料时应该根据主人的经济情况量力而行，本着经济适用的原则。但在预算有限的情况下，就需要对资源进行适当分配，可以在一些不会影响整体装修质量和效果的部位使用相对便宜的材料。而在一些关键部位，如给排水、防水等隐蔽工程的材料选择上必须以质量为先，尽量减少日后维护成本的支出。另外，还有居室中大面积的墙面涂料、家具油漆及板材等材料也需要有一定的质量保证，尽可能减少居室污染。所以，将装修资源进行科学分配，才能既经济又实惠地完成家居室内设计。

7.2.4 创新性

作为一个优秀的室内设计师，不但要会挑选适合空间的材料，还要学会如何运用材料进行创新，彰显空间个性。通常有两种方法：一种方法是选用新型材料，市场上装饰材料的更新日新月异，而更新的趋势必然是环保、美观，设计师应该有前瞻性和独特性的眼光，善于利用新型环保材料来实现自己的设计理念，获得与众不同的效果；另一种方法是旧材料新做法，通过改变常见材料的传统做法，在控制成本的前提下给人带来焕然一新的视觉效果，化腐朽为神奇（图7-16）。

图7-16　天花板的创新设计

7.3 装饰材料的质感和运用手法

7.3.1 装饰材料的质感

质感是指视觉或触觉对不同物态如固态、液态、气态的特质的感觉。居室空间中装饰材料的不同质感可以营造不同的居室氛围，带给人不同的视觉美感。质感包括质地、肌理、色彩、形态等几个方面的特征。

图7-17　地毯

7.3.1.1　质地

质地是材质的物理属性，材质的质地有自然质地和人工质地两种。自然质地是由物体的成分、化学特性等构成的自然物面，例如石材质地、木材质地、竹材质地等；人工质地是人有目的地对物体进行技术性和艺术性的加工处理后形成的物面，例如金属质地、陶瓷质地、玻璃质地、塑料质地、织物质地等。如图7-17所示为地毯。

图7-18　香港Porterhouse by Laris时尚气息的餐厅设计

7.3.1.2　肌理

肌理是指材料本身的肌体形态和表面纹理，反映材料表面的形态特征。肌理的构成形态有颗粒状、块状、线状、网状等。从形成原因上来分，可以分为自然肌理和人工肌理，前者是产生于材料内部的天然构造，其表现特征各具特色，如实木的纹理、天然石材的花纹等；后者是在成品集采的表面上加工处理而形成的，如经过喷涂、蚀刻或磨砂的金属板，运用现代技术直接成型的地毯、壁纸，以及打磨过的石材等。不断组织、创造新的材料肌理，是设计师创造新型室内空间的重要手段之一。

Porterhouse by Laris牛排餐厅位于香港兰桂坊加州塔7楼，设计师选用的三维镜面天花板、古铜色的木质家具把就餐区打造得动感十足（图7-18）。

7.3.1.3 色彩

色彩在表达情感方面有着直观而显著的优势，色彩的变换是改变空间整体感觉最简便、最快速的方法。材料的色彩有天然的和人造的，也有光线赋予的。天然的色彩可以给人素雅、古朴的纯粹感，但有时为了装饰环境的需要，对材质进行人工加工处理，改变材料的本色，或者利用灯光来改变材料的显现色，能够达到更加和谐、出色的装饰效果。如图7-19所示为色彩缤纷的乌克兰Lviv宜必思酒店。

7.3.1.4 形态

人们根据使用功能，通过各种加工工艺把材料制成特定的形态，使材料成为有使用价值的物质。材料的形态分为两种，一种是自身肌理形成的独特韵律，另一种是材料与形式的组合，形成有规律性的视觉效果。不同的形态能赋予材料完全不同的使用功能和艺术效果。如图7-20所示为巴黎Les Dada East美发沙龙空间设计。

图7-19 色彩缤纷的乌克兰Lviv宜必思酒店

图7-20 巴黎Les Dada East美发沙龙空间设计

7.3.2 装饰材料的运用手法

要形成个性化的现代室内空间环境，往往需要对若干种不同材料进行组合运用，设计师需要协调好材料质感的对比关系，通过材料本身的质地美和肌理美来塑造空间气质。

7.3.2.1 同一材料质感的组合

如采用同一质地的木饰面板装饰墙面或家具时，可采用对缝、拼角、压线等手法形成肌理的微差，并通过颜色的协调、形态的变化来实现组合构成关系。如图7-21所示为成都“言几又”创意书店设计。

图7-21 成都“言几又”创意书店设计

7.3.2.2 相似质感材料的组合

如同属于织物的丝绸、麻布、尼龙等，因它们有不同的质地、肌理、颜色、花纹，但这些材料的质感相似，在环境中能够协调统一（图7-22）。

7.3.2.3 对比质感材料的组合

对比质感的组合在室内空间环境中最为常见。将质感差异大的材料组合在一起会得到更加丰富的视觉效果，例如塑料和金属的搭配会给人现代感十足的感觉；木材、砖石以及布艺的搭配会给人朴素、安全、温馨的感觉。

例如，中国利欧（LEO）数字网络上海总部2016年初完成翻新，设计师对大面积玻璃墙的运用和落地窗相得益彰，缔造出通透的视觉观感。木纹装饰墙壁、天花板以及长桌搭配极富现代感的简约办公家具，可谓找到了工业设计感与现代艺术美感交集中的绝佳平衡点，营造出舒适、安逸、温馨的氛围（图7-23）。

图7-22 沙发和地毯有柔软的质感

● 图7-23　数字营销网络LEO上海总部开放式办公空间设计

7.4　绿色材料的使用

7.4.1 纸质材料

在大力提倡环保的今天，纸质材料成为装修行业的宠儿。人们利用印象中脆弱的瓦楞纸来制作家具，根据不同承受力的需要，将瓦楞纸叠加、穿插组合，做成瓦楞纸书柜、桌子、椅子、花瓶、相框、收纳盒、纸书架、纸笔筒等。其实，国外早在20年前就有瓦楞纸家具出现，目前在加拿大、德国、芬兰等发达欧美国家，瓦楞纸在家具市场已经占有一席之地，而在中国它似乎并没有大量进入人们的家中。

瓦楞纸板是由面纸、里纸、芯纸和加工成波形瓦楞的瓦楞纸通过黏合而成。根据需要，瓦楞纸板可以加工成单面瓦楞纸板、三层瓦楞纸板，甚至十一层瓦楞纸板。瓦楞纸具有成本低、质量轻、加工易、强度大、搬运方便等优点，80%以上的瓦楞纸均可通过回收再生。瓦楞纸家具的表面涂有防火涂层，以达到防火功能，但如果洒上水要尽快擦干，长时间泡水会导致其变形（图7-24）。

●图7-24　瓦楞纸板座椅

7.4.2 硅藻泥

硅藻泥是一种以硅藻土为主要原材料的室内装饰壁材。硅藻是生活在数百万年前的一种单细胞的水生浮游类生物，硅藻死后沉积水底，经过亿万年的积累和地质变迁成为硅藻土，硅藻土配以无机胶凝物质形成硅藻泥。

硅藻泥兼顾功能与美观，是替代壁纸和乳胶漆的新一代室内装饰材料。在功能性方面，硅藻泥具有消除甲醛、净化空气、调节湿度、释放负氧离子、防火阻燃、墙面自洁、杀菌除臭等功能；在装饰性能方面，丰富的肌理图案和色彩适合各类室内装修项目使用，便于修补，不易沾染灰尘（图7-25）。

●图7-25　硅藻泥墙壁

7.4.3 低辐射镀膜玻璃

冬暖夏凉是居室空间理想、舒适的环境状态，除了建筑外墙的保温调温作用以外，窗户也承载着非常重要的调温作用。但是普通玻璃的隔热效果并不理想，低辐射镀膜玻璃（Low-E）是通过磁控真空溅射的方法，在优质浮法玻璃表面均匀地镀上特殊的金属膜系，极大地降低了玻璃表面辐射率。Low-E玻璃可用于装配门窗、冷藏柜门或制作高级建筑物的幕墙等，能够有效降低室内取暖、空调等设备的能耗，保护环境（图7-26）。

图7-26 低辐射镀膜玻璃建筑物的幕墙

低辐射镀膜玻璃与普通透明玻璃相比，其优势主要体现在两方面：节能性与装饰性。节能性体现在对阳光热辐射的遮蔽性——即隔热性；对暖气外泄的阻挡性——即保温性。若采用透明玻璃则夏季过多的阳光热能进入室内，冬季又无法阻挡室内的热能外泄。而且Low-E玻璃还可以大幅度降低玻璃的紫外线透过率，防止有机物老化、织物褪色等问题。其装饰性体现在Low-E玻璃颜色多种多样，外观效果美观。而普通透明玻璃颜色较单一，装饰性受到限制。如图7-27所示为普通中空玻璃与Low-E中空玻璃的对比。

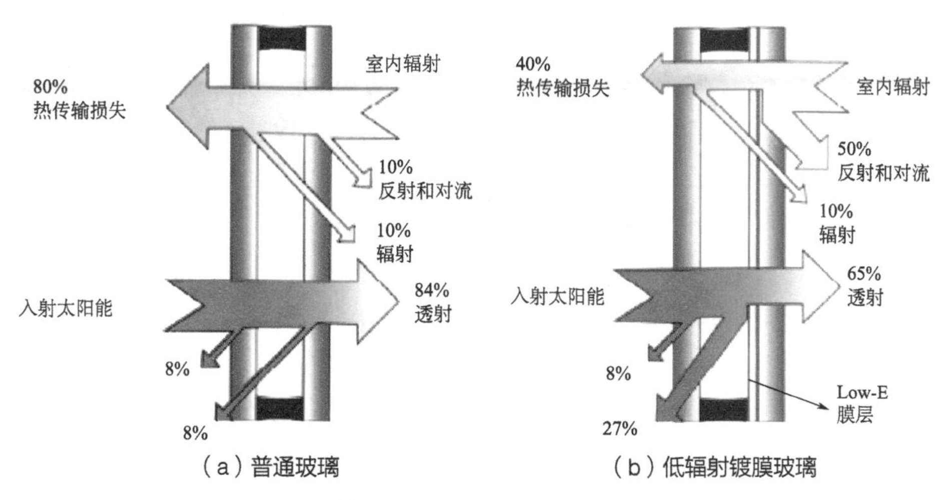

图7-27 普通中空玻璃与Low-E中空玻璃的对比

案例

马德里面包店室内设计

马德里设计工作室Ideo Arquitectura在马德里附近的历史名城埃纳雷斯堡完成了一个项目，将城中心一处150年历史的房屋改造为色彩鲜艳的现代面包店。

设计师大致保持了原有地点极具历史感的主要特征，还在天花板处加入了一组非常亮眼的艺术装置，这一装置遍布整个商店上方，包括购物柜台和就餐区。具体说来，装置由超过12000根粉红色木棍组成，既是对周围砖墙的补充，同时也为整体空间增添了一种有趣又优美的独特个性（图7-28）。

作为项目要求的一部分，客户“pany pasteles”要求室内设计中仅使用粉红色及本公司的企业形象。这也让ideo arquitectura可以自由灵活地为这家公司的第三间连锁零售店进行全面而又独特的形象设计。

图7-28　由超过12000根粉红色木棍组成的装置

图7-29　装置从入口一直呈波状延伸至场地边沿

在为这家面包店定主要特征时，由建筑师Virginia Del Barco领导的团队决定在室内创造一组“珊瑚礁”。“珊瑚礁”的“触须”从入口一直呈波状延伸至场地边沿（图7-29）。

每根木棍高度略有不同，看上去似乎在轻轻摆动，仿佛吸引来访者走进面包店后方（图7-30）。

除了这一组室内顶棚装置之外，工作室还设计了与装置中木棍形态相似的灯固定架以及室内的餐桌、座凳、搁架和吧台。

图7-30 每根木棍高度略有不同

08 室内绿化设计

根据维持自然生态环境的要求和专家测算，城市居民每人至少应有10m^{2}的森林或30 ~ 50m^{2}的绿地才能使城市达到二氧化碳和氧气的平衡，才有益于人类生存。我国《城市园林绿化管理暂行条例》也规定：城市绿化覆盖率为30%，公共绿地到20世纪末达到每人7 ~ 11m^{2}等。而大力推广阳台、屋顶、外墙面垂直绿化及室内绿化，对提高城市绿化率，改善自然生态环境，无疑将起着十分重要的补充和促进作用。

我国人民十分崇尚自然，热爱自然，喜欢接近自然，欣赏自然风光，和大自然共呼吸，这是生活中不可缺少的重要组成部分。对植物、花卉的热爱，也常洋溢于诗画之中。自古以来就有踏青、修禊、登高、春游、野营、赏花等习俗，并一直延续至今。

室内绿化在我国的发展历史悠远，最早可追溯到新石器时代，从浙江余姚河姆渡新石器文化遗址的发掘中，获得一块刻有盆栽植物花纹的陶块。河北望都一号东汉墓的墓室内有盆栽的壁画，绘有内栽红花绿叶的卷沿圆盆，置于方形几上，盆长椭圆形，内有几座假山，长有花草。另一幅也画着高髻侍女，手托莲瓣形盘，盘中有盆景，长有一棵植物，植株上有绿叶红果。唐章怀太子李贤墓，甬道壁画中，画有仕女手托盆景之像，可见当时已有山水盆景和植物盆景。

在西方，古埃及画中就有列队手擎种在罐里的进口稀有植物，据古希腊植物学志记载有500种以上的植物，并在当时能制造精美的植物容器，在古罗马宫廷中，已有种在容器中的进口植物，并在云母片作屋顶的暖房中培育玫瑰花和百合花。至意大利文艺复兴时期，花园已很普遍。

许多室内培育植物的知识是在市场销售运输过程中获得的，要比书本知识为早。欧洲19世纪的“冬季庭园”（玻璃房）已很普遍。20世纪60 ~ 70年代，室内绿化已为各国人民所重视，引进千家万户。植物是大自然生态环境的主体，接近自然，接触自然，使人们经常生活在自然中。改善城市生态环境，崇尚自然、返璞归真的愿望和需要，在当代城市环境污染日益恶化的情况下显得更为迫切。因此，通过绿化室内把生活、学习、工作、休息的空间变成“绿色的空间”，是环境改善最有效的手段之一，它不但对社会环境的美化和生态平衡有益，而且对工作、生产也会有很大的促进。人类学家哈·爱德华强调人的空间体验不仅是视觉而是多种感觉，并和行为有关，人和空间是相互作用的，当人们踏进室内，看到浓浓的绿意和鲜艳的花朵，听到卵石上的流水声，闻到阵阵的花香，在良好环境知觉刺激面前，不但会感到社会的和谐，还能使精力更为充沛，思路更为敏捷，使人的聪明才智更好地发挥出来，从而提高工作效率。这种看不见的环境效益，实际上和看得见的超额完成生产指标是一样重要的。

8.1 绿化设计的作用

8.1.1 净化空气和调节气候

植物经过光合作用可以吸收二氧化碳，释放氧气，而人在呼吸过程中，吸入氧气，呼出二氧化碳，从而使大气中氧和二氧化碳达到平衡，同时通过植物的叶子吸热和水分蒸发可降低气温，在冬夏季可以相对调节温度（图8-1），在夏季可以起到遮阳隔热作用，在冬季，据实验证明，有种植阳台的毗连温室比无种植的温室不仅可造成富氧空间，便于人与植物的氧与二氧化碳的良性循环，而且其温室效应更好。

图8-1　净化空气和调节气候

此外，某些植物，如夹竹桃、梧桐、棕榈、大叶黄杨等可吸收有害气体，有些植物的分泌物，如松、柏、樟桉、臭椿、悬铃木等具有杀灭细菌作用，从而能净化空气，减少空气中的含菌量，同时植物又能吸附大气中的尘埃，从而使环境得以净化。

8.1.2 组织和引导空间

利用绿化组织室内空间、强化空间，表现在以下几个方面。

（1）分隔空间的作用

以绿化分隔空间的范围是十分广泛的，如在两厅室之间、厅室与走道之间以及在某些大的厅室内需要分隔成小空间的，如办公室、餐厅、旅店大堂、展厅，此外在某些空间或场地的交界线，如室内外之间、室内地坪高差交界处等，都可用绿化进行分隔。某些有空间分隔作用的围栏，如柱廊之间的围栏、临水建筑的防护栏、多层围廊的围栏等，也均可以结合绿化加以分隔。

对于重要的部位，如正对出入口，起到屏风作用的绿化，还须作重点处理，分隔的方式大都采用地面分隔方式，如有条件，也可采用悬垂植物由上而下进行空间分隔（图8-2）。

图8-2 分隔空间的作用

（2）联系引导空间的作用

联系室内外的方法是很多的，如通过铺地由室外延伸到室内，或利用墙面、顶棚或踏步的延伸，也都可以起到联系的作用。但是相比之下，都没有利用绿化更鲜明、更亲切、更自然、更惹人注目和喜爱。

许多宾馆常利用绿化的延伸联系室内外空间，起到过渡和渗透作用，通过连续的绿化布置，强化室内外空间的联系和统一。大凡在架空的底层，入口门廊开敞形的大门入口，常常可以看到绿化从室外一直延伸进来，它们不但加强了入口效果，而且这些称为模糊空间或灰空间的地方最能吸引人们在此观赏、逗留或休息。

绿化在室内的连续布置，从一个空间延伸到另一个空间，特别在空间的转折、过渡、改变方向之处，更能发挥空间的整体效果。绿化布置的连续和延伸，如果有意识地强化其突出、醒目的效果，那么，通过视线的吸引，就起到了暗示和引导作用。方法一致，作用各异，在设计时应予以细心区别。

（3）突出空间的重点作用

在大门入口处、楼梯进出口处、交通中心或转折处、走道尽端等处，既是交通的要害和关节点，也是空间中的起始点、转折点、中心点、终结点等的重要视觉中心位置，是必须引起人们注意的位置，因此，常放置特别醒目的、更富有装饰效果的，甚至名贵的植物或花卉，起强化空间、重点突出的作用。

布置在交通中心或尽端靠墙位置的，也常成为厅室的趣味中心而加以特别装点。这里应说明的是，位于交通路线的一切陈设，包括绿化在内，必须以不妨碍交通和紧急疏散时不致成为绊脚石，并按空间大小、形状选择相应的植物。如放在狭窄的过道边的植物，不宜选择低矮、枝叶向外扩展的植物，否则，既妨碍交通又会损伤植物，因此应选择与空间更为协调的修长的植物。

8.1.3 深化空间和增添生气

树木花卉以其千姿百态的自然姿态、五彩缤纷的色彩、柔软飘逸的神态、生机勃勃的生命，恰巧和冷漠、刻板的金属、玻璃制品及僵硬的建筑几何形体和线条形成强烈的对照。例如：乔木或灌木可以以其柔软的枝叶覆盖室内的大部分空间；蔓藤植物，以其修长的枝条，从这一墙面伸展至另一墙面，或由上而下吊垂在墙面、柜、橱、书架上，如一串翡翠般的绿色枝叶装饰着，并改变了室内空间形态；大片的宽叶植物，可以在墙隅、沙发一角，改变着家具设备的轮廓线，从而给予人工的几何形体的室内空间一定的柔化和生气。这是其他任何室内装饰、陈设所不能代替的（图8-3）。

●图8-3　深化空间和增添生气

8.1.4 美化环境和陶冶情操

绿色植物，不论其形、色、质、味，或其枝干、花叶、果实，所显示出蓬勃向上、充满生机的力量，引人奋发向上，热爱自然，热爱生活。植物生长的过程，是争取生存及与大自然搏斗的过程，其形态是自然形成的，没有任何掩饰和伪装。不少生长于缺水少土的山岩、墙垣之间的植物，盘根错节，横延纵伸，广布深钻，充分显示其为生命斗争的无限生命力，在形式上是一幅抽象的天然图画，在内容上是一首生命赞美之歌。它的美是一种自然美，洁净、纯正、朴实无华，即使被人工剪裁，任人截枝斩干，仍然显示其自强不息、生命不止的顽强生命力。因此，树桩盆景之美与其说是一种造型美，倒不如说是一种生命之美，如图8-4，所示为百年榕树桩盆景，残体（枝干仅留外皮）、新绿，倍觉可爱。人们从中

●图8-4　百年榕树桩盆景

可以得到万般启迪，使人更加热爱生命，热爱自然，陶冶情操，净化心灵，和自然共呼吸。

8.1.5 抒发情怀和创造氛围

一定量的植物配置，使室内形成绿化空间，让人们置身于自然环境中，享受自然风光，不论工作、学习、休息，都能心旷神怡，悠然自得。同时，不同的植物种类有不同的枝叶花果和姿色，例如一丛丛鲜红的桃花，一簇簇硕果累累的金橘，给室内带来喜气洋洋，增添欢乐的节日气氛。苍松翠柏，给人以坚强、庄重、典雅之感。如遍置绿色植物和洁白纯净的兰花，使室内清香四溢，风雅宜人。

此外，东西方对不同植物花卉均赋予一定象征和含义，如我国喻荷花为“出淤泥而不染，濯清涟而不妖”，象征高尚情操；喻竹为“未曾出土先有节，纵凌云霄也虚心”，象征高风亮节；称松、竹、梅为“岁寒三友”，梅、兰、竹、菊为“四君子”；喻牡丹为高贵，石榴为多子，萱草为忘忧等。在西方，紫罗兰为忠实永恒；百合花为纯洁；郁金香为名誉；勿忘草为勿忘我等（图8-5）。

图8-5 抒发情怀和创造氛围

8.2 绿化的布置方式

室内绿化的布置在不同的场所，如酒店宾馆的门厅、大堂、中庭、休息厅、会议室、办公室、餐厅以及住户的居室等，均有不同的要求，应根据不同的任务、目的和作用，采取不同的布置方式，随着空间位置的不同，绿化的作用和地位也随之变化，可分为：

① 处于重要地位的中心位置，如大厅中央；
② 处于较为主要的关键部位，如出入口处；
③ 处于一般的边角地带，如墙边角隅。

应根据不同部位，选好相应的植物品色。但室内绿化通常总是利用室内剩余空间，或不影响交通的墙边、角隅，并利用悬、吊、壁龛、壁架等方式充分利用空间，尽量少占室内使用面积。同时，某些攀缘、藤萝等植物又宜于垂悬以充分展现其风姿。因此，室内绿化的布置，应从平面和垂直两方面进行考虑，使形成立体的绿色环境。

8.2.1 重点装饰与边角点缀

把室内绿化作为主要陈设并成为视觉中心，以其形、色的特有魅力来吸引人们，是许多厅室常采用的一种布置方式。绿植可以布置在厅室的中央，也可以布置在室内主立面，如某些会场中、主席台的前后以及圆桌会议的中心、客厅中心，或设在走道尽端中央等，成为视觉焦点（图8-6）。

边角点缀的布置方式更为多样，如布置在客厅中沙发的转角处，靠近角隅的餐桌旁、楼梯背部，布置在楼梯或大门出入口一侧或两侧、走道边、柱角边等部位。这种方式是介于重点布置和边角布置之间的一种形态，其重要性次于重点装饰而高于边角布置（图8-7）。

图8-6　布置在室内主立面的绿化

图8-7　边角点缀

8.2.2 结合家具和陈设

室内绿化除了单独落地布置外，还可与家具、陈设、灯具等室内物件结合布置，相得益彰，组成有机整体（图8-8）。

8.2.3 与背景成对比

绿化的另一作用，就是通过其独特的形、色、质，不论是绿叶或鲜花，不论是铺地或是屏障，集中布置成片的背景（图8-9）。

8.2.4 垂直布置

垂直绿化通常采用顶棚上悬吊方式，也可利用每层回廊栏板布置绿化等，这样可以充分利用空间，不占地面，并造成绿色立体环境，增加绿化的体量和氛围，并通过成片垂下的枝叶组成似隔非隔，虚无缥缈的美妙情景（图8-10）。

8.2.5 沿窗布置

靠窗布置绿化，能使植物接受更多的日照，并形成室内绿色景观，还可以作成花槽或低台上置小型盆栽等方式（图8-11）。

●图8-8　结合家具和陈设

●图8-9　绿植背景墙

●图8-10　垂直布置

●图8-11　沿窗布置

案例

Avanto Architects 绿色小屋

这个外观十分通透的玻璃小屋（Green Shed）由芬兰建筑工作室Avanto设计，生产方是从事农业和园艺事业的Kekkilä Group公司。

Green Shed采用芬兰木材和加强型安全玻璃建成，包括收藏和温室两部分，是一个理想的储物和植物培育空间。尽管这个小屋采用预制构建的模式，但其仍有多个可供调整的独立模块，方便用户根据需求来定制不同的结构和功能。如图8-12所示，Avanto Architects绿色小屋为一个与周围植物树木融为一体的湖畔卧室。

图8-12　Avanto Architects绿色小屋设计

09 人体工程学与环境心理

9.1 人体工程学的概念

人体工程学（Human Engineering），也称人类工程学、人体工学、人间工学或工效学（Ergonomics）。工效学Ergonomics原出希腊文“Ergo”，即“工作、劳动”和“nomos”即“规律、效果”，也即探讨人们劳动、工作效果、效能的规律性。人体工程学是由6门分支学科组成，即：人体测量学、生物力学、劳动生理学、环境生理学、工程心理学、时间与工作研究学。人体工程学诞生于第二次世界大战之后。

按照国际工效学会所下的定义为：“人体工程学是一门研究人在某种工作环境中的解剖学、生理学和心理学等方面的各种因素；研究人和机器及环境的相互作用；研究在工作中、家庭生活中和休假时怎样统一考虑工作效率、人的健康、安全和舒适等问题的科学。”日本千叶大学小原教授认为：人体工程学是探知人体的工作能力及其极限，从而使人们所从事的工作趋向适应人体解剖学、生理学、心理学的各种特征。

人体工程学联系到室内设计，其含义为：以人为主体，运用人体计测、生理和心理计测等手段和方法，研究人体结构功能、心理、力学等方面与室内环境之间的合理协调关系，以适合人的身心活动要求，取得最佳的使用效能，其目标应是安全、健康、高效能和舒适。

由于人体工程学是一门新兴的学科，人体工程学在室内环境设计中应用的深度和广度有待于进一步开发，目前已有开展的应用如下。

（1）确定人和人际在室内活动所需空间的主要依据

根据人体工程学中的有关计测数据，从人的尺度、动作域、心理空间以及人际交往的空间等，确定空间范围。

（2）确定家具、设施的形体、尺度及其使用范围的主要依据

家具设施为人所使用，因此它们的形体、尺度必须以人体尺度为主要依据；同时，人们为了使用这些家具和设施，其周围必须留有活动和使用的最小余地，这些要求都由人体工程科学地予以解决。室内空间越小，停留时间越长，对这方面内容测试的要求也越高。

（3）提供适应人体的室内物理环境的最佳参数

室内物理环境主要有室内热环境、声环境、光环境、重力环境、辐射环境等，有了上述要求的科学参数后，在设计时就可进行正确的决策了。

（4）对视觉要素的计测为室内视觉环境设计提供科学依据

人眼的视力、视野、光觉、色觉是视觉的要素，人体工程学通过计测得到的数据，为室

内光照设计、室内色彩设计、视觉最佳区域等提供了科学的依据。

人在室内环境中，其心理与行为尽管有个体之间的差异，但从总体上分析仍然具有共性，仍然具有以相同或类似的方式作出反应的特点，这也正是我们进行设计的基础。

9.2 人的身体尺度

9.2.1 概述

尺度就是在不同空间范围内，建筑的整体及各构成要素使人产生的感觉，是建筑物的整体或局部给人的大小印象与其真实大小之间的关系问题。它与尺寸不同，尺寸是度量单位，而尺度强调一种关系及给人的感觉。

人们对身体尺度的关注和研究可以追溯到古希腊时期，伟大哲人和科学家毕达哥拉斯证明了黄金分割，并发现在人体上也存在着这种比例。罗马时期，建筑师维特鲁威在他的著作《建筑十书》中首次谈到了把人体的自然比例应用到建筑的丈量上，并总结出了人体结构的比例规律。文艺复兴时期，达·芬奇根据维特鲁威的描述创作了著名的人体比例图——维特鲁威人，如图9-1所示，诠释了“完美人体比例”和“黄金分割”的概念。直到20世纪以后，为了适应工业发展和战争的需要，人们开始对人体尺度进行系统的研究，催生了人体工程学的产生，也对各类设计产生了重大的影响。因此，了解人在居室空间中的尺度要求，对居室各功能空间的设计具有重要的指导作用。

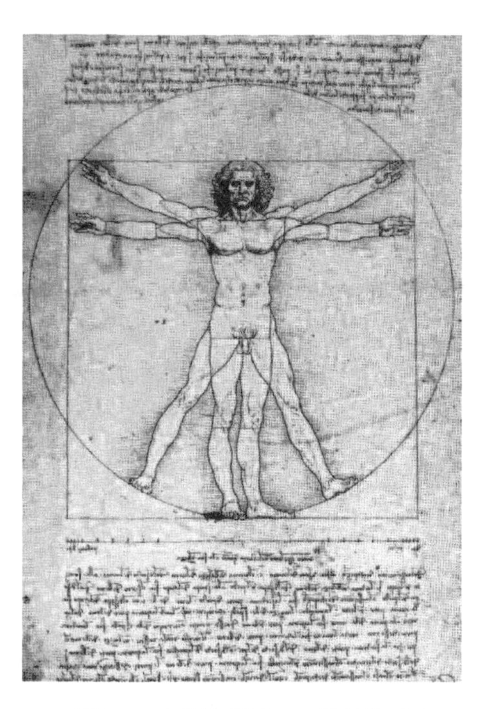

图9-1 人体比例图——维特鲁威人

人体尺度是决定环境设施和空间几何尺寸的关键因素。这包括两个方面：第一是人体构造尺寸，指静态的人体尺寸，它是人体处于固定标准状态下测量的，如身高、坐高、肩宽、臀宽、手臂长度等；第二是功能尺度，指动态的人体尺寸，是人在进行某种功能活动时肢体所能达到的空间范围，它是在人的动态情况下测得的。

功能尺度的用途较构造尺度的用途更为广泛，因为运动是人体的常态，即便是睡觉的时候也会有不同的翻身动作。人体功能尺度是由关节活动、转动所产生的角度与肢体的长度协调产生的范围尺寸。例如人伸手取物时，其腰、背、肩、臂、手等部位同时协调工作，人手的触及范围将远远超出其手臂长度。如果目标物体所在位置较高，人们甚至会踮起脚尖以帮助扩大运动范围。因此，在设计空间时除了考虑人体构造尺寸外，应更多考虑人的肢体活动范围，甚至还要考虑使用对象的运动能力，才能设计出最适合使用对象的空间尺度。

初学者可以通过查阅《室内设计资料集》等工具书来获得更加全面的人体工程学数据，记住这些数据能使尺度安排更加合理，但死记硬背往往无聊枯燥，学习人体工程学最好的方法是亲身体验和动手测绘。当你走进一个舒适的空间，可以利用尺子或者以自己的身体作为尺寸参考依据来测量空间，学习尺度关系，学会这种带着尺度的眼光去体验、分析数据的方法往往会让你受益匪浅、印象深刻。

人体尺度随种族、性别、年龄、职业、生活状态的不同而在个体与个体之间、群体与群体之间存在差异。所以，确定环境设施及其尺度所依据的参数也不能随意选择，例如在做黄种人的居室空间设计时，不能参考白种人的人体尺寸数据，如：日本市民男性的身高平均值为1651mm，美国市民男性身高平均值为1755mm，英国市民男性身高平均值为1780mm。即使在中国，南方和北方人的身体尺度也有较大差异，如表9-1所示。所以，居室空间的尺度应以空间主人的身体尺度作为设计标准。

表9-1　我国不同地区人体各部分平均尺寸　　单位：mm

编号	部位	较高人体地区（冀、鲁、辽）		中等人体地区（长江三角洲）		较低人体地区（四川）	
		男	女	男	女	男	女
A	人体高度	1690	1580	1670	1560	1630	1530
B	肩宽度	420	387	415	397	414	385
C	肩峰至头顶高度	293	285	291	282	285	269
D	正立时眼的高度	1513	1474	1547	1443	1512	1420
E	正坐时眼的高度	1203	1140	1181	1110	1144	1078
F	胸廓前后径	200	200	201	203	205	220

续表

编号	部位	较高人体地区（冀、鲁、辽）		中等人体地区（长江三角洲）		较低人体地区（四川）	
		男	女	男	女	男	女
G	上臂长度	308	291	310	293	307	289
H	前臂长度	238	220	238	220	245	220
I	手长度	196	184	192	178	190	178
J	肩峰高度	1397	1295	1379	1278	1345	1261
K	一个胳膊的长度	869	795	843	787	848	791
L	上身高	600	561	586	546	565	524
M	臀部宽度	307	307	309	319	311	320
N	肚脐高度	992	948	983	925	980	920
O	指尖到地面高度	633	612	616	590	606	575
P	大腿长度	415	395	409	379	403	378
Q	小腿长度	397	373	392	369	391	365
R	脚高度	68	63	68	67	67	65
S	坐高	893	846	877	825	350	793
T	腓骨高度	414	390	407	328	402	382
U	大腿水平长度	450	435	445	425	443	422
V	肘下尺寸	243	240	239	230	220	216

9.2.2 人体基本动作尺度

人体基本动作的尺度，是人体处于运动时的动态尺寸。我们先对人体的基本动作趋势加以分析。

人的工作姿势，按其工作性质和活动规律，可分为站立姿势、座椅姿势、跪坐姿势和躺卧姿势。

（1）站姿

站姿分为背伸直、直立、向前微弯腰、向前弯腰、微微半蹲、半蹲等（图9-2）。

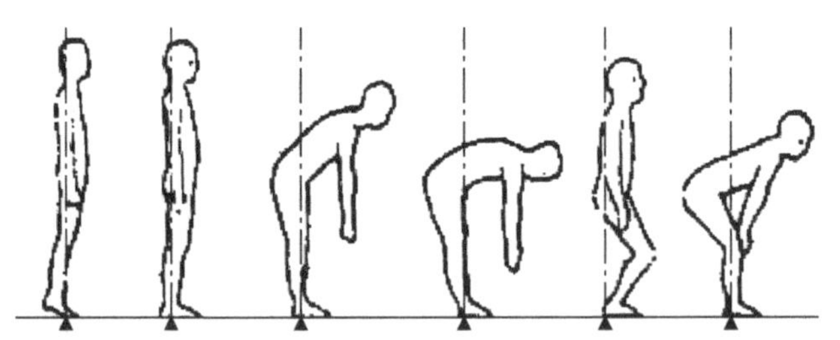

图9-2　站姿

（2）座椅姿势

座椅姿势分为倚靠、高坐、矮坐、工作姿势、稍息姿势、休息姿势等（图9-3）。

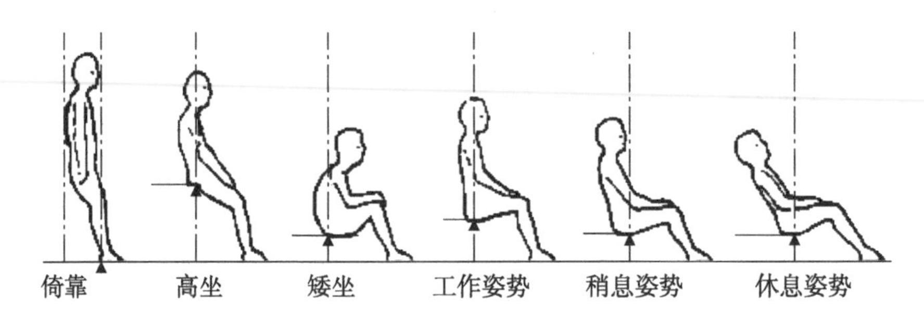

图9-3　座椅姿势

（3）跪坐姿势

跪坐姿势分为盘腿坐、蹲、单腿跪立、双膝跪立、直跪坐、爬行、跪端坐等（图9-4）。

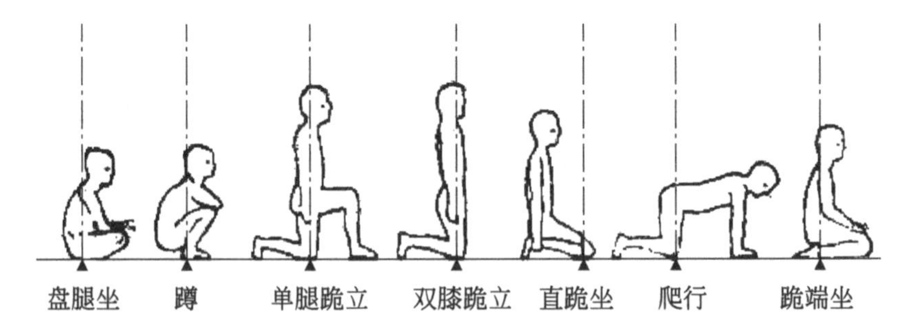

图9-4　跪坐姿势

（4）躺卧姿势

躺卧姿势分为俯撑卧、侧撑卧、仰卧等（图9-5）。

● 图9-5 躺卧姿势

如图9-6所示为人体基本动作尺度。

人体活动空间的尺度是适应行为要求的室内空间尺度，是相对的概念，亦是动态的尺寸。对于活动空间尺度来讲是一个整体的范围，它主要包括满足人在空间不变的前提下，使活动范围得以合理规划，创造出适应人们生理需求、行为需求和心理需求的空间范围。

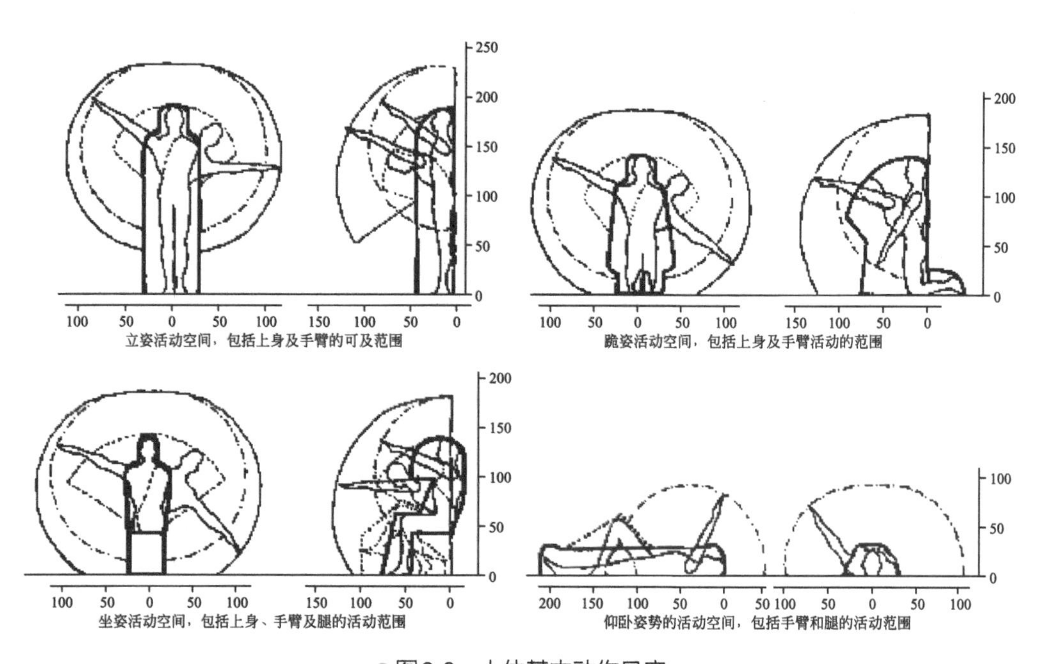

● 图9-6 人体基本动作尺度

根据室内环境的行为表现，室内空间可分为大空间、中空间和小空间等不同的活动空间范围。

① 大空间指公共行为空间，如：体育馆、营业厅、商场等，其特点是易于处理好个体行为的空间关系，在这个空间里个人空间基本是等距的，空间具有尺度大和开放的特点。

② 中空间指事务行为空间，如：办公室、教室等，空间既开放又具有私密性，在满足个人空间的前提下，设计公共事务行为的空间。

③ 小空间是个体行为的空间，如：卧室、书房、经理室等，具有较强的私密性和小空间的特色，主要以满足个体的行为为目的。

人在室内空间环境中的活动具有较大的灵活性，因此，在室内空间形态的规划设计中，要充分考虑人在空间中的行为表现、活动空间尺度范围、分布状况、知觉要求、环境可能性以及物质技术要求等。

9.3 材质与空间感知

我们知道，材质就是指材料的质感，它包括材料的色彩、纹理、光滑度、透明度、坚硬度、反射率、折射率等属性。感知是指客观事物通过感觉器官在人脑中的直接反映，感觉器官包括视觉、听觉、嗅觉、味觉、触觉、第六感官等。居室中的材质从视觉、听觉、触觉等方面影响着人们对空间的感知。

居室空间实体由各种材料堆砌而成，每种材料都拥有不同的质感特征，结合实体形态表达不同的感情，带给人不同的心理感受。

9.3.1 温度感

坚硬光滑的材料触感清凉，柔软粗糙的材料触感温暖。另外，色彩与温度感关系紧密，影响着人对材料温度感的判断。例如，蓝色的棉布触觉温暖，但视觉上给人清凉之感，所以选用材料时应从两方面考虑。

9.3.2 稳定感

坚硬、粗糙的材质给人稳定、敦实之感，例如毛石、混凝土等，光滑、柔软的材质给人轻盈、多变之感，如玻璃、藤材、布艺等。另外，深色材料比浅色更具稳定感。

案例

B&B italia 品牌户外坐具系列

B &B italia 品牌全新的户外坐具系列产品具有磐石般稳固的外形，然而在视觉上又充满轻盈感。这一系列坐具在 2018 科隆国际家具展上首次亮相，全系列包含两种尺寸的沙发、一款扶手椅和一款高背扶手椅。每款产品都带有独特的围合结构，采用双股聚丙烯纤维编织而成。

这种编织纤维的独特设计不仅定义了家具半包围的形态，同时更形成了独特的视觉空隙，这便意味着这款户外家具能够提供通透与轻盈感的同时具有极强的稳定性，也起到一定的遮蔽作用，就算在材料缺乏的时候也不例外。编织框架可以搭配带有衬垫的实体坐具使用，还可使用软靠垫以增加舒适性。为满足上述需求，B &B italia 品牌户外家具“bay”系列的配色也十分出彩，编织围合结构部分有驼色和深灰色可供选择，分别搭配优雅的黑色调以及花纹图案的椅座与靠垫。如图 9-7 所示。

图9-7 B &B italia 品牌户外坐具系列

这一系列产品的设计反映出技术进步，展现出与品牌室内家具相同的人体工程学设计和超高品质。

9.3.3 重量感

重量感除了与材料本身的色彩深浅有关外，还与表面的光滑程度、透光率有关。表面平整光滑、透光率高的材质给人感觉轻，表面粗糙、透光感低的材质给人感觉重。例如，磨砂玻璃看上去比透明玻璃更重。

南非的约翰内斯堡Kloof Road House别墅，设计师大量运用钢铁、玻璃和水泥三种装修，从室外延伸到室内，打造了雕塑般的家居空间（图9-8）。

图9-8　南非Kloof Road雕塑般的别墅设计

9.3.4 亲切感

触感柔软舒适、肌理松散粗糙的材料更容易给人带来亲切感，例如布艺、毛皮等；反之，质感坚硬、表面光滑、缺少亲和力，例如抛光大理石。另外，光泽度高的材质给人华丽、冰冷之感，浅色比深色更具亲和力。

9.4 空间尺度

空间尺度是环境设计众多要素中最重要的一个方面，它的概念中包含更多的是人们面对空间作用下的心理以及更多的诉求，具有人性和社会性的概念。

尺度在室内设计的创作中具有决定性的意义。

在室内空间设计中如果没有对几何空间的位置和尺度进行限制与制定，也就不可能形成任何有意义的空间造型，因此从最基础的意义上说，尺度是造型的基本必备要素。理想空间的获得，与它对应于人的心理感受和生理功能密切相关。

9.4.1 环境心理学对室内设计的要求

人在室内环境中，不单单会用到空间的使用功能，不同的空间还会给人以不同的心理暗示，人们也会根据自身的一些心理特征来选择自己所处的环境，依据环境心理学对室内空间的具体要求来进行设计，就必须学习环境心理学所研究的人处于空间环境中的心理特征。

以下是几项室内环境中人们的心理与行为方面的情况：

（1）领域性与人际距离

领域性原是动物在环境中为取得食物、繁衍生息等的一种适应生存的行为方式。人与动物毕竟在语言表达、理性思考、意志决策与社会性等方面有本质的区别，但人在室内环境中的生活、生产活动，也总是力求其活动不被外界干扰或妨碍。不同的活动有其必需的生理和心理范围与领域，人们不希望轻易地被外来的人与物打破。

室内环境中个人空间常需与人际交流、接触时所需的距离通盘考虑。人际接触实际上根据不同的接触对象和在不同的场合，在距离上各有差异。赫尔以动物的环境和行为的研究经验为基础，提出了人际距离的概念，根据人际关系的密切程度、行为特征确定人际距离，即分为：密切距离、人体距离、社会距离、公众距离。

每类距离中，根据不同的行为性质再分为接近相与远方相。例如在密切距离中，亲密、对对方有可嗅觉和辐射热感觉为接近相；可与对方接触握手为远方相。当然对于不同民族、宗教信仰、性别、职业和文化程度等因素，人际距离也会有所不同。人际距离与行为特征见表9-2。

表9-2　人际距离与行为特征

名称	间距	表现
亲密距离（0 ~ 45cm）	接近相（0 ~ 15cm）	这是一种表达温柔、舒适、亲密以及激愤等强烈感情的距离，具有辐射热的感觉，在家庭居室和私密空间里会出现这样的人际距离
	远方相（15 ~ 45cm）	可与对方接触握手
个体距离（0.45 ~ 1.3m）	接近相（0.45 ~ 0.75m）	这是亲近朋友和家庭成员之间谈话的距离，仍可与对方接触，这是在家庭餐桌上的人际距离
	远方相（0.75 ~ 1.3m）	可以清楚地看到细微表情
社会距离（1.3 ~ 3.75m）	接近相（1.3 ~ 2.10m）	在社会交往中，同事、朋友、熟人、邻居等之间日常交谈的距离
	远方相（2.10 ~ 3.75m）	交往不密切的距离，在旅馆大堂休息处、小型会客室、洽谈室等处，会表现出这样的人际距离
公众距离（>3.75m）	接近相（3.75 ~ 7.50m）	自然语言的讲课，单向交流的集会、演讲，正规而严肃的接待厅会出现的人际距离
	远方相（>7.50m）	借助姿势和扩音器的讲演，大型会议室等处，会表现出这样的人际距离

注：接近相是指在范围内有近距趋势；远方相是指相对的远距趋势。

（2）私密性与尽端趋向

如果说领域性主要在于空间范围，则私密性更涉及在相应空间范围内包括视线、声音等方面的隔绝要求。私密性在居住类室内空间中要求更为突出。

日常生活中人们还会非常明显地观察到，集体宿舍里先进入宿舍的人，如果允许自己挑选床位，他们总愿意挑选在房间尽端的床铺，可能是由于生活、就寝时相对较少受到干扰。同样情况也见之于就餐人对餐厅中餐桌座位的挑选，相对人们最不愿意选择近门处及人流频繁通过处的座位，餐厅中靠墙卡座的设置，由于在室内空间中形成更多的“尽端”，也就更符合散客就餐时“尽端趋向”的心理要求。

（3）依托的安全感

生活活动在室内空间的人们，从心理感受来说，并不是越开阔、越宽广越好，人们通常在大型室内空间中更愿意有所“依托”物体。

在火车站和地铁车站的候车厅或站台上，人们并非较多地停留在最容易上车的地方，而是愿意待在柱子边，人群相对散落汇集在厅内、站台上的柱子附近，适当与人流通道保持距离。在柱边人们感到有了“依托”，更具安全感。

（4）从众与趋光心理

从一些公共场所内发生的非常事故中观察到，紧急情况时人们往往会盲目跟从人群中领头几个急速跑动的人的去向，不管其去向是否是安全疏散口。当火警或烟雾开始弥漫时，人们无心注视标志及文字的内容，甚至对此缺乏信赖，往往是更为直觉地跟着领头的几个人跑动，以致成为整个人群的流向。上述情况即属从众心理。同时，人们在室内空间中流动时，具有从暗处往较明亮处流动的趋向，紧急情况时语言引导会优于文字的引导。

上述心理和行为现象提示设计者在创造公共场所室内环境时，首先应注意空间与照明等的导向，标志与文字的引导固然也很重要，但从紧急情况时的心理与行为来看，对空间、照明、音响等需予以高度重视。

（5）空间形状的心理感受

由各个界面围合而成的室内空间，其形状特征常会使活动于其中的人们产生不同的心理感受。著名建筑师贝聿铭曾对他的作品——具有三角形斜向空间的华盛顿艺术馆新馆——有很好的论述，贝聿铭认为三角形、多灭点的斜向空间常给人以动态和富有变化的心理感受。

9.4.2 合理把握空间尺度的要素

在考虑室内空间尺度关系时，应坚持“以人为本”的原则，一切从人的需要和感受出发，以人的尺寸为参考，充分考虑人在空间中的视点、视距、视角以及人们使用空间时的亲近度等各种情况，从大的空间环境到细微的材料质感设计都要创造良好的尺度感。合理尺度感的创造通常需要把握以下几个要素。

（1）以空间需求和动机为起点

在我们的生活中，需要一定的稳定性和结构化，可以把这看作是安全感的需要，因此需要空间来保证心理安全。大多数人似乎有强烈的愿望归属感，并需要有认同感，换句话说就是在空间上有被定位的要求。我们所居住和使用的各类建筑空间可以帮助我们满足要求。多数情况下，一个空间被定位成居住、办公、休闲或娱乐，那么它和其中摆设的尺度也就相应得以定位。如卧室空间，人体工程学研究证明15 ~ 18m^{2}的卧室最有利于人的睡眠，这样会给人以安全、温暖之感，尺度过大易使人产生不安的情绪，过小则不利于空气流通且有压迫感。

因此室内设计首先应考虑空间的使用需求，其次也要考虑到其中家具、摆设等物体的延续性，以满足生理安全和情感需要。当然，如果已有的建筑尺度难以达到某些空间需求，我们则应多提供一些灵活的分隔及组合方式，究其一点，就是要确定一个符合该空间功能的空间尺度。

（2）以人的心理诉求为基础

若从心理学角度出发，我们便能轻易地从人的角度来确定室内空间尺度设计的基础。心理学家把没有知觉又没有控制的行为称为“本能”，将有知觉又有控制的行为称为“认知性的”。很明显，从使用者最“本能”的角度考虑，人需要坐下休息、需要走动、需要拿取、需要交流等一系列动作，依此我们就能确定最基本的空间功能分类及其大小，“适宜”使用者的空间尺度是最让人亲近的，同时也是一个基本标准。如普通的工作间除了最基本的生理尺度，还要考虑个人空间的相对私密性等一系列心理需要，要做到互不影响，同时又要便于交流；而展览馆要求有充分展示的空间，美术馆要求相对自由的空间，图书馆则要求相对严谨、安静的空间。在确立标准之后，为顺利地改变、加强、完善功能需求，有时设计者会强化某些意义，特地改变大小尺度，给人造成不同的心理暗示。例如在一些宗教、行政等公共空间内，设计师会故意扩大空间及物体摆放的尺度，进而造成庄严肃穆的空间氛围。

（3）正确选择空间内的设施

家具设施是室内设计中不可或缺的内容，人们在室内的任何活动都会与家具设施发生一定的关系，因此它们的形体、尺度必须以人体尺度为主要依据；同时，人们为了使用这些家具和设施，其周围必须留有活动和使用的最小余地，满足了这些要求的室内空间才会有合理的空间尺度，因此室内空间尺度的把握与其中设施的选择有着密切的关系。室内空间越小，停留的时间越长，对这方面的要求也越高，例如玄关、卫生间、厨房等住宅空间的设计；车厢、船舱、机舱等交通工具内部空间的设计。

9.5 室内环境中人的心理和行为表现

9.5.1 人的行为习性

室内的设计要考虑人的行为习性。人类在长期生活和社会发展中逐步形成了许多适应环境的本能，即人的行为习性。

（1）抄近路习性

抄近路指为了达到预定目的地，人们总是趋向选择最短的路径，如图9-9所示。左侧可设计一条通道，如果没有通道，人们可能会从草地穿行而走出一条小路。

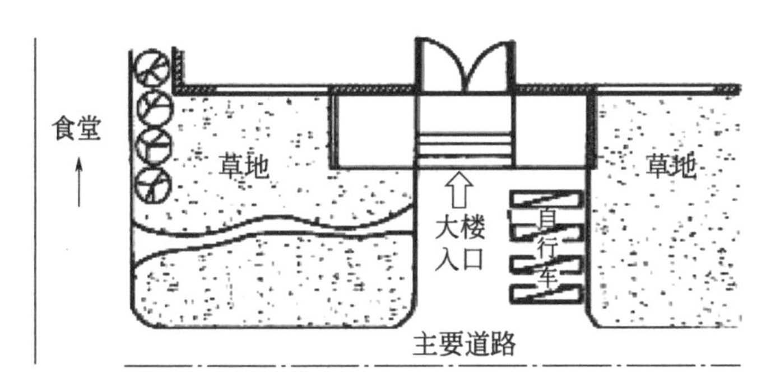

图9-9 人抄近路的行为习性

经济学家认为人天生是追求低投入、高产出的。即使没有学过两点间直线最短的数学公理，人们也常会为了追求“经济”而随意地在草地上走出一条路来，或是在围墙上敲出一个门。正所谓：世上本没有路，走的人多了也就成了路。在设计的时候，人们固然在追求一些艺术的美感，但是违反人们生活习惯的美丽往往不会长久。所以当评价这些“杰作”时，应该重新审视设计中的问题。在设计中应充分考虑人的抄近路这一习性。

（2）左侧通行习性

在没有汽车干扰及交通法规束缚的中心广场、道路、步行道，当人群密度较大（达到0.3人/m²以上）时就会发现行人会自然而然地左侧通行。这可能与右侧优势而保护左侧有关。

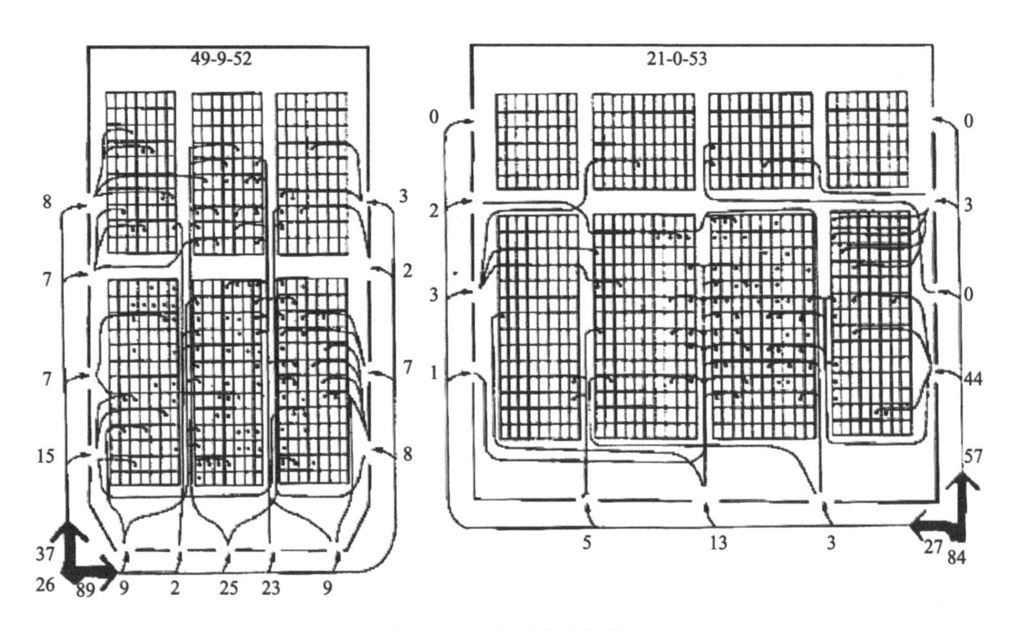

●图9-10　电影院内左转弯

这种习性对于展览厅展览陈列顺序有重要指导意义。虽然我国交通法中规定人应该靠右侧行驶，但是这对于大的商场和展厅设计还是具有很大的参考价值。

（3）左转弯习性

在转弯习惯中人们也多表现出左转弯。在公共场所观察人行为路线及描绘的轨迹来看，明显地会看到左转弯的情况比右转弯的情况要多。在电影院，不论入口的位置在哪里，多数人多沿着观众厅的走道向左转弯的方向前进，如图9-10所示。

所以我们常见的楼梯设计中一般采用左转弯。

（4）归巢、从众与向光习性

公共建筑发生火灾时，往往会造成巨大的生命财产损失。合理进行建筑空间创作在建筑的消防设计中占有重要地位。火情发生后，人们在躲避本能的驱使下，往往会进入如客房、包厢等一些狭小封闭的空间躲藏，称为归巢行为。如果这些房间不具备良好的防火屏蔽，或没有对外开启的窗，人逃生的概率就非常小了。

在一些公共场所发生室内紧急危险情况时，人们往往会盲目地跟从人群中领头几个急速跑动的人的去向，不管其去向是否是安全疏散口，也无心注视引导标志及文字内容，这就是人的从众心理。在大空间中，面对火情，人们难以判断正确的出逃通道，极易发生盲目从众行为。在得不到正确及时疏导的情况下，往往会发生拥挤践踏，造成不必要的伤亡。

同时，人在室内空间流动时，还具有从暗处往较明亮的地方流动的趋向。在火场浓烟密布、可见度低的情况下，人们由于向光行为而纷纷放弃原有逃生路线，而奔向窗边，由于无法击碎玻璃或受阻于护栏，而被高温毒烟夺去生命。根据灾情的统计，上述归巢、从众、向光等行为是造成人员伤亡的主要因素。

针对火灾发生时人们的行为心理特性和逃生行为模式，提出以下一般性对策。

① 在空间中设置部分火情提示装置，使受灾人员能及时正确地判断火情，选择正确的逃生方式，避免不良归巢现象。

② 保证逃生线路的畅通、明确，避免大量人群疏散时造成阻塞。具体的做法有：使防火门开口与走廊保持同宽，以避免造成逃生瓶颈；当走廊地平面有高差时，用缓坡代替台阶，以免在拥挤时发生摔倒踩踏。

③ 设计者在创造室内公共空间环境时，首先应注意空间与照明的导向，其次标志和文字的引导也很重要，而且从紧急情况时人的心理和行为分析来看，音响（声音）引导也应引起高度重视。

④ 加强走道的防烟、排烟能力，增大能见度，避免不良向光行为，以提高疏散效率，同时减少毒烟对人的伤害。

⑤ 空间中，合理地安排防火分区，利用中庭空间的上部建立蓄烟区以减缓烟气下降，有效地减少从众和向光行为的危害。总之，针对火灾发生时人的行为心理特性进行设计，有利于人们选择正确的逃生方式，提高逃生的成功率。

（5）识途性

人们遇到危险（火灾等）时，常会寻找原路返回，即识途性。大量的火灾事故现场会发现，许多遇难者都会因找不到安全出口而倒在电梯口，因为他们都是从电梯口来的，遇到紧急情况就会沿原路返回，而此时电梯又会自动关闭。所以越在慌乱时，人越容易表现出识途性行为。因此设计室内安全出口应在入口附近。

（6）聚集效应

当人的空间人口密度分布不均时出现人群聚集。所以常常有大的商场采用人体模特和售货员等来加大商场的人口密度，即使停业关门的时候商场还是会因为这些模特而显得热闹。

9.5.2 人的行为模式

人在环境中的行为是具有一定特性和规律的，将这些特性和规律进行总结和概括，使其模式化，便得到了人的行为模式。对行为模式的研究将会为建筑创作和室内设计及其评价提供重要的理论依据和方法。

人的行为模式从内容上分，包括秩序模式、流动模式、分布模式和状态模式。这是建筑设计和室内设计传统的模式化创作和分析方法。以下就这四种行为模式来对室内空间设计的相关内容进行探讨。

（1）秩序模式

人在空间中的每一项活动都有一系列的过程，静止只是相对和暂时的，这种活动都有一定规律性，即行为模式，该模式就是秩序模式。从室内设计的角度来看，对人的行为模式中秩序模式的研究，将给如何进行室内各功能空间的布置提供了基础的理论依据，是室内空间布局合理性的重要决定因素。

（2）流动模式

流动模式就是将人的流动行为的空间轨迹模式化。这种轨迹不仅表示出人的空间状态的移动，而且反映了行为过程中的时间变化。这种模式主要用于对购物行为、观展行为、疏散避难等行为以及与其相关的人流量和经过途径等的研究。

（3）分布模式

分布模式就是按时间顺序连续观察人在环境中的行为，并画出一个时间断面，将人们所在的二维空间位置坐标进行模式化。这种模式主要用来研究人在某一时空中的行为密集度，进而科学地确定空间尺度。与前面两种行为模式不同，分布模式具有群体性，也就是说人在某一空间环境的分布状况不是由单一的个体，而是由群体形成的，因此对分布模式的观察、研究必须考虑到人际关系这一因素。对分布模式的观察研究可以为确定建筑及室内空间的尺度提供依据。在进行室内空间设计时，个体的行为要求是重要的考虑因素，但人际间的行为要求也是不容忽视的，这就需要充分了解人的行为模式中的分布模式，以此作为确定空间尺度、形状和布局的重要参考，尽可能既按照个人的行为特性又考虑人群的分布特性来进行。

（4）状态模式

前面几种行为模式所记述的行为，都是客观的可以观察的行为空间的移动或定位。但人的行为状态还会涉及人的生理和心理的作用所引起的行为表现，同时又包含客观环境的作用所引起的行为表现。状态模式就是用于研究行为动机和状态变化的因素。在不同功能的室内空间中，人们都有一定的状态模式，且这种状态模式会因人的生理、心理及客观的不同而不同，室内设计师应全面综合考虑某种室内空间中的人的各种状态模式，有的放矢地进行设计。

现代室内设计越来越重视考虑人的需求，而人的行为就是为实现一定的目标、满足不同的需求服务的。虽然室内环境设计是室内各种因素的综合设计，但人的行为是一个重要的考虑因素，它体现了“以人为本”的基本观点。对人的行为模式的研究可以看出，人在各类型空间中的活动都有一定的规律，并且这些规律制约影响着室内空间设计的诸多内容，如空间的布局、空间的尺度、空间的形态及空间氛围的营造等，室内设计师应该全面综合地了解这些行为规律并运用到相关内容的设计中去，以期创造出合理的满足人们物质与精神两方面需求的室内空间环境。

案例

Treehouse的舒适与私密

互联网的发展催生了越来越多SOHO式的自由职业者。对于他们来说，工作环境的随性、舒适与工作效率息息相关。

设计师提出了自己的解决方案Treehouse，直译为“树屋”，意图带给办公者类似动物栖息在树上，舒适性与私密性兼具的体验。设计师设计出一个半包围式结构隔出的私人小空间（图9-11），厚实的织物衬垫在为使用者提供舒适坐卧感受的同时还担负着增强隔音效果的重任。底部配备的万向轮，可以方便地将两个独立的Treehouse组合为一个整体，非常灵活。

图9-11　半包围式结构隔出的私人小空间

9.6 无障碍室内设计

9.6.1 无障碍室内设计的概念

9.6.1.1 无障碍

无障碍（Barrier-Free）指我们在城市建设过程中兴建的各种设施不仅要满足正常人使用，还要能够方便残疾人、老年人等使用（图9-12）。

在无障碍设计概念提出之前，许多设施的设计是按照健全的成年人的活动模式和使用需求来考虑的，因而不适合残疾人和老年人使用，形成使用障碍，令他们的心理和精神产生压抑和不安。

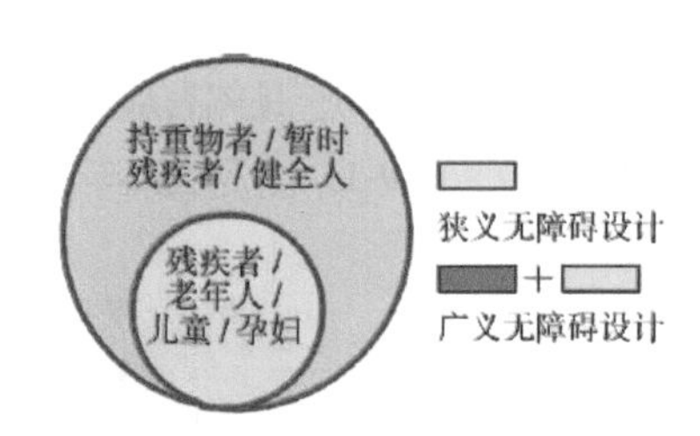

图9-12 狭义和广义上的无障碍设计对象

9.6.1.2 无障碍环境

“无障碍环境”指保障残疾人、老年人等行动不便者以及其他社会成员在居住、出行、工作、休闲娱乐时，能够自主、安全、方便地通行、使用设施和获得信息、服务而提供的各项条件。

无障碍环境包括无障碍物质环境、无障碍信息和交流环境（图9-13）。

图9-13 卫生间内的无障碍设施

（1）无障碍物质环境

包括无障碍建筑(室内无障碍环境)以及城市无障碍系统(室外无障碍环境)，其中无障碍建筑包括公共建筑和私人住宅，城市无障碍系统包括各种公园等游乐场所及道路无障碍系统等。

无障碍物质环境要求：城市道路、公共建筑物和居住区的规划、设计、建设应方便残疾人通行和使用，如城市道路应满足坐轮椅者、拄拐杖者通行和方便视力残疾者通行，建筑物应考虑出入口、地面、电梯、扶手、厕所、房间、柜台等设置残疾人可使用的相应设施和方便残疾人通行等（图9-14），具体有坡道、盲道、盲人过街音响指示器、地面防滑、扶手栏杆、残疾人专用厕位（图9-15）、残疾人车位和残疾人轮椅席等。

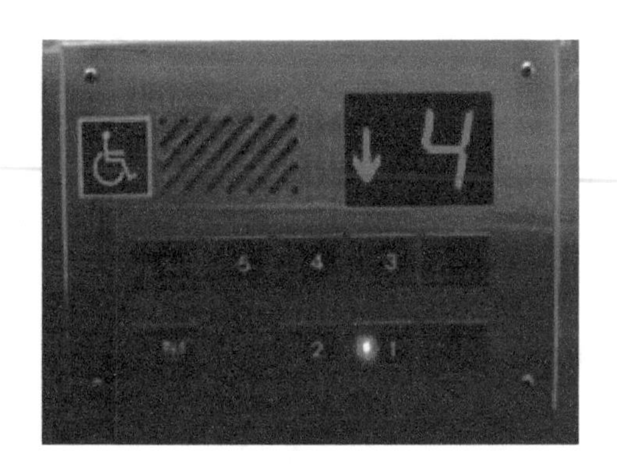

●图9-14　电梯轿厢选层按键

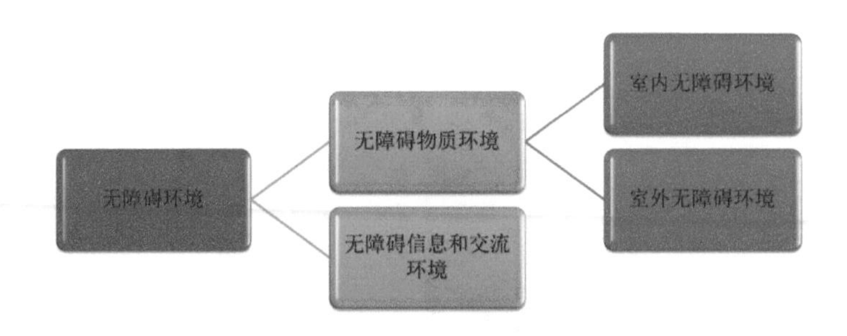

●图9-15　无障碍环境结构图

（2）无障碍信息和交流环境

要求：公共传媒应使听力言语和视力残疾者能够无障碍地获得信息，进行交流，如影视作品、电视节目的字幕和解说，电视手语，盲人有声读物等。

9.6.1.3 无障碍设计

无障碍空间要通过无障碍设计来构建。

1974年联合国召开《有障碍者生活环境》专家会议，有人提出“无障碍设计”概念，它是指消除对使用者构成障碍因素的设计(Barrier-Free Design)，这里所指的“使用者”原来主要是指有生理障碍的人群，后来“有障碍者”概念的含义有所扩大，还包括孕妇、儿童和老人，以及背负重物或受伤的人员，甚至包括暂时遇到不便的人，即The Handlicapped Person(有困难者)。

无障碍设计是指无障碍物，无危险物，任何人都应该作为人受到尊重，能够健康地从事文化生活而进行的设计。无障碍设计意味着向用户提供一种可能，使其不受约束地持续使用公共空间和设施。

9.6.2 无障碍室内的设计要求

9.6.2.1 无障碍通道

（1）坡道和升降平台

① 建筑的入口、室内走道及室外人行通道的地面有高低差和有台阶时，必须设符合轮椅通行的坡道，在坡道和两级台阶以上的两侧应设扶手。

② 供轮椅通行的坡道应设计成直线形，不应设计成弧线形和螺旋形。按照地面的高差程度，坡道可分为单跑式、双跑式和多跑式坡道。

③ 双跑式和多跑式坡道休息平台的深度不应小于1.50m。在坡道起点及终点应留有深度不小于1.50m的轮椅缓冲地带。

④ 建筑入口的坡道宽度不应小于1.20m，室内走道的坡道宽度不应小于1.00m，室外通路的坡道宽度不应小于1.50m。

⑤ 建筑入口及室内坡道的坡度不应大于1/12，室外人行通路坡道的坡度不应大于1/16。

⑥ 坡道高度的限定：每段坡道的高度，其最大容许值应符合表9-3的规定。

表9-3 每段坡道高度与长度的限定

坡度（高/长）	1/12	1/16	1/20
容许高度/m	0.75	1.00	1.50
水平长度/m	9.00	16.00	30.00

⑦ 在坡道两侧和休息平台只设栏杆时，应在栏杆下方的地面上筑起50mm的安全挡台。

⑧ 供轮椅通行的坡道面层应平整，但不应光滑，也不应在坡面上加防滑条。

⑨ 自动升降平台占地面积小，适用于改建、改造困难的地段，升降平台的净面积不应小于1.50m×1.00m，平台应设栏板或栏杆及轮椅进出口和启动按钮。

（2）出入口

① 大、中型公共建筑入口的内外应留有不小于2.00m×2.00m的轮椅回旋面积，小型公共建筑入口内外应留有不小于1.50m×1.50m的轮椅回旋面积。

② 建筑入口设有避风阁，或在门厅、过厅设有两道门，在两道门扇开启后的净距不应小于1.20m。

③ 供残疾人使用的门，首先应采用自动门和推拉门，其次是平开门。不应采用旋转门和力度大的弹簧门。

④ 轮椅通过自动门的有效通行净宽度不应小于1.00m，通过推拉门与平开门的有效通行净宽度不应小于0.80m。

⑤ 乘轮椅者开启推拉门或平开门时，在门把手一侧的墙面，应留有不小于0.50m的墙面宽度。

⑥ 乘轮椅者开启的门扇，应安装视线观察玻璃和横执把手及关门拉手，在门扇的下方宜安装高0.35m的护门板。

⑦ 大、中型公共建筑通过一辆轮椅的走道净宽度不应小于1.50m。小型公共建筑通过一辆轮椅的走道净宽度不应小于1.20m，在走道末端应设有1.50m×1.50m的轮椅回旋面积。

⑧ 走道的地面应平整、不光滑、不积水和没有障碍物。走道内有台阶时，应设符合轮椅通行的坡道。

⑨ 当门扇向走道内开启时应设凹室，凹室的深度不应小于0.90m，宽度不应小于1.30m。

⑩ 观演建筑、交通建筑及医疗建筑走道的两侧，应设高0.85m 的扶手。

⑪ 主要提供残疾人、老年人使用的走道：

走道的宽度不应小于1.80m；

走道的两侧必须设高0.85m的扶手；

走道的地面必须平整，并选用防滑和遇水也不滑的地面材料；

在走道两侧墙面的下部，应设高0.35m的护墙板；

走道转弯处的阳角应设计成圆弧墙面或45° 切角墙面；

在走道一侧的地面，应设宽0.40 ~ 0.60m的盲道，盲道内边线距墙面0.30m；

走道内不应设置障碍物，走道的照度应达到200lx。

（3）扶手

① 在坡道、楼梯及超过两级台阶的两侧及电梯的周边三面应设扶手，扶手宜保持连贯。

② 设一层扶手的高度为0.85 ~ 0.90m，设二层扶手时，下层扶手的高度为0.65m。

③ 坡道、楼梯、台阶的扶手在起点及终点处，应水平延伸0.30m以上。

④ 扶手的形状、规格及颜色要易于识别和抓握，扶手截面的尺寸应为35mm至50mm，扶手内侧距墙面的净空为40mm。

⑤ 扶手应选用优质木料或其他较好的材料，扶手必须要安装坚固，应能承受身体的重量。

9.6.2.2 洗手间

① 公用洗手间入口的有效通行净宽度不应小于0.90m，洗手间内通道的净宽度不应小于1.50m。

② 男洗手间供残疾人使用的小便器下口的高度不应大于0.50m，在小便器的上方和两侧，应安装高1.20m和宽0.60m的安全抓杆。

③ 公用洗手间的残疾人厕位

· 男女洗手间的隔间应设残疾人使用的厕位，厕位面积不应小于2.00m × 1.00m或1.60m × 1.40m。

· 残疾人厕位的门扇应向外开启，门扇开启后通行的净宽度不应小于0.80m，在门扇内侧应设关门拉手。

· 开门执手应采用横执把手，门锁应安装门内外均可使用的门插销。

· 厕为内射高0.475m的坐式便器，在坐便器两侧应设高0.70m的水平抓杆和高1.45m的垂直抓杆。

· 抓杆的直径为32 ~ 40mm，内侧距墙面40mm，抓杆要安装牢固，应能承受身体的重量。

· 厕位的地面应平整，不光滑，不积水，没有高低差。在厕位内应设高1.20m的挂衣钩。

④ 残疾人专用洗手间

· 在公用洗手间旁或在适当位置宜设残疾人专用的洗手间。设专用洗手间后可取代在公用洗手间的残疾人厕位。

· 专用洗手间采用平开门时，门扇应向外开启，门扇开启后通行净宽度不应小于0.80m，开门执手应采用横执把手，门锁应安装门内外均可使用的门插销，在门扇内侧应设关门拉手。

· 洗手间的面积不应小于2.00m × 1.30m或1.80m × 1.80m。

· 洗手间内设高0.45m的坐式便器，在坐便器两侧设高0.70m的水平抓杆，在靠墙壁的一侧设高1.45m的垂直抓杆。

· 洗手间内应设高0.60m的放物架和高1.20m的挂衣钩。沿洗手盆的三面宜设抓杆，洗手盆高0.80m，抓杆高0.85m，相互间距为50mm。

· 抓杆直径为32 ~ 40mm，内侧距墙面40mm，抓杆要安装坚固，应能承受身体的重量。

· 洗手间的地面应平整，不光滑，不积水，没有高低差，应采用遇水也不滑的地面材料。

· 专用洗手间必须设置应急呼叫按钮。

9.6.2.3 饭店客房

① 在市、区、县及旅游点范围的各类旅馆、饭店，应设方便残疾人使用的客房，客房应设在客房层的底部和进出方便及安全疏散的地段。

② 大中型旅馆、饭店应按每50间标准客房设一套残疾人使用的客房。小型旅馆、饭店应设不少于两套可供残疾人使用的客房。

③ 在客房的通道及床位之间应留有直径不小于1.50m的轮椅回旋空间。

④ 卫生间的门开启后的净宽度不应小于0.80m ，轮椅进入后应能回旋。盆浴或淋浴、坐便器及抓杆的设计，要求如下。

· 淋浴间内应设高0.45m的洗浴座椅，深度不应小于0.45m。在淋浴间周边应设高0.70m水平抓杆和高1.45m的垂直抓杆。

· 盆浴内应设洗浴座台。洗浴座台的深度不应小于0.45m。在浴盆内侧应设高0.60m和0.90m二层水平抓杆，长度为0.80 ~ 1.00m。在洗浴座台内侧宜设高0.60m的水平抓杆。

· 抓杆的直径为32 ~ 40mm，内侧距墙面40mm，抓杆要安装坚固，应能承受身体的重量。

⑤ 客房的床面高度和大便器及浴盆的高度应统一为0.45m。

⑥ 客房的应急呼叫按钮及电灯、电视、空调等开关的位置，应安装在方便乘轮椅者伸手可及的地方。

⑦ 客房的壁柜、桌子等家具的高度及深度，应方便乘轮椅者使用。当残疾人的客房在空闲时，可为老年人及健全人提供服务。

9.6.2.4 停车车位

① 在建筑物出入口最近的地段和在停车场（楼）出入最方便的地段，应设残疾人用小汽车和三轮机动车专用的停车车位（一辆小汽车的停车位置可停放两辆三轮机动车）。

② 在专用停车车位的一侧，应留有宽度不小于1.20m的轮椅通道，轮椅通道应与人行通道衔接。

③ 停车车位的轮椅通道与人行通道的地面有高度差时，应设符合轮椅通行的坡道。

④ 在停车车位的地面上，应涂有停车线、轮椅通道线和轮椅标志，在停车车位的尽端宜

设轮椅标志牌。

9.6.2.5 无障碍标志

① 无障碍标志是国际康复协会制定的全世界一致公认的国际通用标志。它指引残疾人行进的方向和告知可进入的建筑物及可使用的服务设施。

② 反符合标准的建筑物和服务设施及室外通道，均应在显著位置安装无障碍标志牌。

③ 无障碍标志牌为残疾人提供以下信息：

· 为乘轮椅者指引建筑物的位置和建筑物的入口；

· 为乘轮椅者指引可行进的室外通路和建筑物的室内走向；

· 告知残疾人可使用的坡道、服务台、电梯、电话、轮椅席、厕所、浴室、客房及停车车位等服务设施。

④ 无障碍标志牌的规格尺寸应根据使用不同的地点和位置，分别为0.10 ~ 0.45m的正方形。轮椅图案和边缘为黑色时衬底则为白色，轮椅图案为白色时衬底则为黑色。

⑤ 在无障碍标志牌上加文字说明或加指示方向时，其颜色与衬底应形成明显对比。指引的方向为左行时，轮椅面应朝向左侧。

⑥ 无障碍标志牌的位置和高度要适中，制作要精细，安装要坚固。

10 室内设计常见问题

随着我国经济发展和人民生活水平的不断提高，室内设计已深入各种类型的建筑之中，成为人们生活水平提高的一个标志。但是，由于我国室内设计起点较晚，设计和技术都相对落后于发达国家，在发展过程中也引发了很多环境和社会问题。

这些现实问题如果不采取积极对策加以及时解决，将有可能发展成破坏生态和环境的“痼疾”。从目前国内的总体状况看，室内设计所反映出的问题可以归纳为五个方面。

10.1 片面追求豪华

如今室内设计进入了一个非常活跃的时期，从以前普遍的简单装饰发展到目前讲究“个性化”“时尚化”装饰方式的趋势日益显著，室内设计师也在设计风格上求新、求变。

新颖几乎成了室内设计的代名词，当然，设计本就是一个符合人们生产、生活发展需求的创造性活动，所以追求创新是十分必要的，但是不得要领、似是而非的新颖设计则会出现一系列问题。

有时设计师为了迎合这一风尚，就在设计过程中过度地进行材料堆积，镶金嵌银，在室内营造光怪陆离、珠光宝气的奢华氛围，致使室内设计日益脱离其使用功能而走向极端化。例如在室内片面注重装饰堆砌各式各样的文化墙、主题墙；客厅、餐厅追求各种繁复的顶面及墙面造型；卧室布满各种炫丽的灯光；就连厨房与卫生间也讲究色彩夺目、富丽堂皇；木材、石材、钢材、砖材、假梁、假柱、假山、假石、拼花、装板、贴纸、挂画等，应有尽有、层出不穷。

总之，什么造型都做、什么材料都用、什么颜色都涂、什么工艺都有，不把室内装满绝不罢休。更有甚者，这些设计却常常被一些所谓的“专家”所看好，并冠以“大胆、前卫、超乎想象”等称赞，令人唏嘘。

10.2 大量使用人工合成化学材料

在室内设计中大量使用人工合成的化学材料，其中相当一部分化学材料含有对人体有害的物质。这些物质在使用中会有刺激性气味长时间散发出来，污染室内空气，影响人们的健康，引发各种疾病。再加上，目前我国装饰材料市场管理还有待规范和加强，很多劣质材料在市场上还有一定的比重，这就更需要我们在室内设计上慎用人工合成化学材料。

10.3 把室内设计仅仅看成是装饰材料运用

许多设计师认为室内设计是在已有建筑空间中进行表面装修和布置家具、悬挂装饰灯具和布置其他装饰品。把室内设计看成单纯的视觉条件的改善，即从简单的装饰要领出发去认识室内设计，把建筑室内空间内涵与建筑设计割裂开来。

实际上，室内设计是建筑设计的一种延续，它们都是属于建筑设计范畴的。室内设计又是一种文化活动过程，是社会文明的一种标志。建筑室内空间往往以自身形象（包括空间形式、节奏和秩序）和相关的装饰手段来反映时代和社会特征，不同的室内空间表现不同的环境气氛，具有不同的艺术感染力（通过视觉、听觉、嗅觉等来完成）。如果不从室内环境意识的观念出发，必然会造成设计思想的混乱。

10.4 忽视使用功能

在室内设计中，追求美观应是建立在功能基础上的。有的室内大堂设计为了追求灯饰的华丽，安装了8 ~ 9盏大吊灯，因为使用了奶白的反光灯罩及磨砂灯泡，造成了昏暗的照明效果，这种设计处理办法既费电又不实用，而且给人以压抑的感觉。还有的家庭装修，过分追求小趣味，在地面分割上没有依据功能的要求划分各种材质，所拼贴出来的图案令人眼花缭乱，没有起到功能分工的导向作用。尽管有的室内设计注意到了利用材料质感划分室内的空间，但由于选择材料不当，也会带来不好的后果。例如，有的用餐区域铺设了地毯，就会带来难以清洗油污的麻烦。另外在门洞较为集中的地方，没有注意门的开启方向，造成了彼此交叉干扰。这些问题似乎不大，如果处理不当，依然会给住户带来诸多不便。

10.5 室内空间分割布局不合理

对于室内设计而言，空间可以通过不同的分割及组合形式，展现出不同的风格特点。所以室内设计师应对相关空间元素进行合理组合与设计，以满足室内的湿度、温度、采光、通风等要求。

一般来说，在室内设计中应注重空间布局的实用性，提高空间的利用率，使功能、形式、艺术和技术达到总体协调，以满足人们对物质需求和精神品质的追求。然而在设计过程中，部分设计师过度追求单一形式的大空间，往往进行“大刀阔斧”的空间改造，或是大客厅、小卧室，或是大卧室、小客厅。

而实际上，如果把客厅过度缩小，就会使人们一进入室内就感觉特别狭小拥挤；倘若把卧室过度缩小，不仅会对人产生强烈的压抑感，也会使室内的空气质量下降。有的设计者为了达到增加采光、美观等目的，建议业主随意挖洞、拆除墙体或全部采用石膏板隔墙，以扩大原有门窗的尺寸等，一味追求建筑形体的丰富和空间的宽敞。这样做的结果，表面上看似乎满足了以上的要求，实际上却产生了一定的负面效应：视线受到干扰、不符合通风卫生要求，墙体结构的保温、隔热、隔声能力减弱，客观上也造成了能耗的失衡与相对费用的提高等。

10.6 生态环保意识相对淡薄

一方面由于室内设计的“时效性”，导致室内装饰不断更新。在更新过程中被拆除的建筑装饰材料，由于不能再生循环利用而被丢弃成为建筑垃圾，成为环境的污染源。据有关材料统计，在环境总体污染中，与建筑业有关的环境污染占总比例的34%。建筑能耗（包括建造与使用过程的能耗）占全球能耗的50%，而且建筑能耗绝大部分是不可再生的能源消耗。在建筑业对环境造成的污染中，有相当的比例是因为室内装饰材料生产、施工和更新造成的。

另一方面，如果现在材料市场上的装饰产品没有被冠名环保之名的话，想必其销量一定会大打折扣。这说明人们的环保意识在逐步增强，也越来越注重生活品质和自身健康。

虽然生态环保的意识在增强，但是对于生态环保的理解却存在着片面性。目前室内设计所使用的装饰材料中，或多或少都残留有甲醛，而甲醛会缓慢地向室内释放，这是室内有毒气体形成的主要原因，从而使人们常常伴有头昏、恶心等症状的出现。

所以在选择装饰材料的时候，人们非常注重材料本身是否环保，但对于生态环保来说这是很片面的。如过多地使用石材、砖材会导致室内温度的流失；过多地使用玻璃、镜面会造成室内严重的光污染；过多地使用假墙、假柱会减少对噪声的控制等。还有，生态环保不是装修一时的工作，还包括前期准备以及后期维护的长期行为。所以说，在当前的室内设计中，对于生态环保的意识相对薄弱，对环保举措的考虑仍然很少。

10.7 缺少人性化关爱

设计的本质在于对人性的关爱。居住环境最讲究的便是舒适和温馨，就算是利用最先进的技术的设计成果，如果没有亲和温暖的感觉，那也只是机械地简单组合并没有实际的意义。

室内设计中的见物不见人和以偏概全的手法是对人性关爱的漠视。

随着我国人口老龄化，客观上已十分迫切地提出了这方面的问题。比如，一个家庭一般会有老、中、青三代人在一起共同居住，家庭成员由于存在不同的年龄阶段就不可避免地在空间使用上有各自的需求。可我们日常生活中的住宅设计对家庭成员间不同的个性需求却很少做出考虑，这也使得原有的户型空间划分方式不能完全适用于所有家庭的需求。

因此，在人口老龄化及个人寿命不断增长的当今社会中，我们更多地需要能够应对时间变化的室内设计。

11 当代室内设计的新趋势

当代室内设计的发展可谓流派众多、百花齐放、百家争鸣，但从总体来看，大体上表现出以下几种主要倾向。这些倾向不但反映出室内设计的发展趋势，而且对于当今的室内设计具有指导借鉴作用。

11.1 可持续发展

“可持续发展”（Sustainable Development）的概念形成于20世纪80年代后期，1987年在名为《我们共同的未来》（Our Common Future）的联合国文件中被正式提出。尽管关于“可持续发展”概念有诸多不同的解释，但大部分学者都承认《我们共同的未来》一书中的解释：“可持续发展是指应该在不牺牲未来几代人需要的情况下，满足我们这代人的需要的发展。这种发展模式是不同于传统发展战略的新模式。”文件进一步指出：“当今世界存在的能源危机、环境危机等都不是孤立发生的，而是由以往的发展模式造成的。要想解决人类面临的各种危机，只有实施可持续发展的战略。”

具体来说，“可持续发展”首先强调发展，强调把社会、经济、环境等各项指标综合起来评价发展的质量，而不是仅仅把经济发展作为衡量指标。同时亦强调建立和推行一种新型的生产和消费方式。无论在生活上还是消费上，都应当尽可能有效地利用可再生资源，少排放废气、废水、废渣，尽量改变那种靠高消耗、高投入来刺激经济增长的模式。

其次，可持续发展强调经济发展必须与环境保护相结合，做到对不可再生资源的合理开发与节约使用，做到可再生资源的持续利用，实现眼前利益与长远利益的统一，为子孙后代留下发展的空间。

此外，可持续发展还提倡人类应当学会尊重自然、爱护自然，把自己作为自然中的一员，与自然界和谐相处，彻底改变那种认为自然界是可以任意剥夺和利用的对象的错误观点，应该把自然作为人类发展的基础和生命的源泉。

实现可持续发展，涉及人类文明的各个方面。建筑是人类文明的重要组成部分，建筑物及其内部环境不但与人类的日常生活有着十分密切的关系，而且又是耗能大户，消耗着全球总能耗的50%以及大量的钢材、木材和金属。因此如何在建筑及其内部环境设计中贯彻可持续发展的原则就成为设计师十分迫切的任务。1993年6月的第18次世界建筑师大会就号召全世界的建筑师要“把环境与社会的持久性列为我们职业实践及责任的核心”。由此可见，维护世界的可持续发展正是当代设计师义不容辞的责任。

在建筑设计和室内设计中体现可持续发展原则是崭新的思想，国内外都处在不断探索之中。简要说来，主要表现为“双健康原则”和“3R原则”。“双健康原则”就是指：既要重视人的健康，又要重视保持自然的健康。设计师在设计中，应该广泛采用绿色材料，保障人体健康；同时要注意与自然的和谐，减少对自然的破坏，保持自然的健康。“3R原则”就是指：减小各种不良影响的原则、再利用的原则和循环利用的原则（Reduce，Reuse，Recycle）。希望通过这些原则的运用，实现减少对自然的破坏、节约能源资源、减少浪费的目标。

创作符合可持续发展原理的建筑及其内部环境是目前设计界的一种趋势，是人类在面临生存危机情况下所做出的探索。卡梅诺住宅就是在这方面进行较为全面尝试的范例，其经验对于我们来说具有很好的借鉴意义。事实上，在我国的大量传统建筑中亦有不少符合可持续发展理论的佳例，如西北地区的大量窑洞建筑。

如今，我国正在进行大规模的建设活动，建筑装饰行业的规模很大，然而我们也同时面临着能源紧缺、资源不足、污染严重、基础设施滞后等一系列问题，发展与环境的矛盾日益突出。因此，作为一名室内设计师，完全有必要全面贯彻可持续发展的思想，借鉴人类历史上的一切优秀成果，用自己的精美设计为人类的明天做出贡献。

11.2 以人为本

突出人的价值和人的重要性并不是当代才有，在历史上早已存在。“水火有气而无生，草木有生而无知，禽兽有知而无义，人有气有生有知有义，故最为天下贵也。”（《荀子·王制》）

16世纪欧洲文艺复兴运动，也提倡人的尊严和以人为中心的世界观。文艺复兴运动的思想基础是“人文主义”，即从资产阶级的利益出发，反对中世纪的禁欲主义和教会统治一切的宗教观，突出资产阶级的尊重人和以人为中心的世界观。

在建筑活动方面，世俗建筑取代宗教建筑而成为当时主要的建筑活动，府邸、市政厅、行会、广场、钟塔等层出不穷，供统治者享乐的宫廷建筑也大大发展。总之，与人有关而不是与神有关的建筑在这时得到了很大的发展。

近几十年来，在建筑设计以及室内设计中强调突出人的需要，为人服务的设计师也屡见不鲜，例如芬兰的阿尔托（Alvar Aalto）曾在一次讲座中说：“在过去十年中，‘现代建筑’的所谓功能主要是从技术的角度来考虑的，它所强调的主要是建造的经济性。这种强调当然是合乎需要的，因为要为人类建造好的房舍同满足人类其他需要相比一直是昂贵的……假如建筑可以按部就班地进行，即先从经济和技术开始，然后再满足其他较为复杂的人情要求的话，那么，纯粹是技术的功能主义，是可以被接受的；但这种可能性并不存在。建筑不仅要满足人们的一切活动，它的形成也必须是各方面同时并进的，错误不在于现代建筑的最初或上一阶段的合理化，而在于合理化的不够深入，现代建筑的最新课题是要使合理的方法突破技术范畴而进入人情与心理的领域。”在这里，阿尔托既肯定了建筑必须讲经济，又批评了只讲经济而不讲人情的“技术的功能主义”，提倡设计应该同时综合解决人们的生活功能和心理感情需要。这种突出以人为主的设计观在当今室内设计领域中尤其受到人们的重视。人一生中的大部分时间都在室内度过，室内环境直接影响到人的工作与生活，因此更需要在设计中突出“以人为本”的思想。

在室内设计中，首先应该重视的是使用功能的要求，其次就是创造理想的物理环境，在通风、制冷、采暖、照明等方面进行仔细探讨，然后还应该注意到安全、卫生等因素。在满足了这些要求之外，还应进一步注意到人们的心理情感需要，这是在设计中更难解决也更富挑战性的内容。阿尔托在这方面的尝试与探索是很值得借鉴的。他擅长在室内设计中运用木材，使人有温暖感；即使在钢筋混凝土柱身上也常缠几圈藤条以消除水泥的冰冷感；为了使机器生产的门把手不致有生硬感，还将门把手造成像人手捏出来的样子。在造型上，他喜欢运用曲线和波浪形；在空间组织上，主张有层次、有变化，而不是一目了然；在尺度上，强调人体尺度，反对不合人情的庞大体积。他设计的卡雷住宅就是典型的一例。该住宅的空间互相流通，十分自由，人们的视觉效果在经常发生变化，非常有趣。主要装饰材料是木材，而且尽量显露木材的本色，使人感到十分温暖亲切。整个天花以直线和圆弧描绘出优美自然的弧线，强化了空间的流通，给人以舒展感。室内的木质家具和

图11-1 卡雷住宅

悠然的绿化又给内部环境增添了几分温馨。阿尔托的这些思想与作品不论是在当时，还是在现在，都给人以很大的启迪。突出以人为本的思想，突出强调为人服务的观点，对于室内设计而言，无疑具有永恒的意义（图11-1）。

11.3 多元并存

20世纪60年代以来，西方建筑设计领域与室内设计领域发生了重大变化，现代建筑的机器美学观念不断受到挑战与质疑。人们看到：理性与逻辑推理遭到冷遇，强调功能的原则受到冲击，而多元的取向、多元的价值观、多样的选择正成为一种潮流，人们提出要在多元化的趋势下，重新强调和阐释设计的基本原则，于是各种流派不断涌现，此起彼落，使人有众说纷纭、无所适从之感。有的学者曾对目前流行的观点进行了分析，总结出如下十余对相关因素：

现代——后现代　　现实——理想

技术——文化　　当代——传统

内部——外部　　本国——外国

使用功能——精神功能　　共性——个性

客观——主观　　自然——人工

理性——感性　　群体——个体

逻辑——模糊　　实施——构思

限制——自由　　粗犷——精细

上述这些主张，似乎各有各的道理，究竟谁是谁非，很难定论。因此学者们提出了“钟摆”理论，指出钟摆只有在左右摆动时，挂钟的指针才能转动，当钟摆停在正中或一侧时，指针就无法转动而造成停滞。

当今的室内设计从整体趋势而言亦是如此，正是在不同理论的互相交流、彼此补充中不断前进，不断发展。当然，就某一单项室内设计而言，则应根据其所处的特定情况而有所偏重、有所选择，其实这也正是使某项室内设计形成自身个性的重要原因。

11.4 注重环境的整体性

“环境”并不是一个新名词，但环境的概念引入设计领域的历史则并不太长。对人类生存的地球而言，可以把环境分成三类，即自然环境、人为环境和半自然半人为环境。对于室内设计师来讲，其工作主要是创造人为环境。当然，这种人为环境中也往往带有不少自然元素，如植物、山石和水体等。如果按照范围的大小来看，又可以把环境分成三个层次，即宏观环境、中观环境和微观环境，它们各自又有着不同的内涵和特点。

宏观环境的范围和规模非常之大，其内容常包括太空、大气、山川森林、平原草地、城镇及乡村等，涉及的设计行业常有：国土规划、区域规划、城市及乡镇规划、风景区规划等。

中观环境常指社区、街坊、建筑物群体及单体、公园、室外环境等，涉及的设计行业主要是城市设计、建筑设计、室外环境设计、园林设计等。

微观环境一般常指各类建筑物的内部环境，涉及的设计行业常包括：室内设计、工业设计等。

中观环境常指社区、街坊、建筑物群体及单体、公园、室外环境等，涉及的设计行业主要是：城市设计、建筑设计、室外环境设计、园林设计等。

微观环境一般常指各类建筑物的内部环境，涉及的设计行业常包括：室内设计、工业产品造型设计等。

中观环境和微观环境与人们的生存行为有着密切的关系，其中的微观环境更是如此，绝大多数人在一生中的绝大多数时间都和微观环境发生着最直接、最密切的联系，微观环境对人有着举足轻重的影响。然而尽管如此，还是应当认识到微观环境只是大系统中的一个子系统，它和其他子系统存在着互相制约、互相影响、相辅相成的关系。任何一个子系统出现问题，都会影响到环境的质量，因此就必然要求各子系统之间能够互相协调、互相补宽、互相促进，达到有机匹配。就微观环境中的室内环境而言，必然会与建筑、公园、城镇等环境发生各种关系，只有充分注意它们之间的有机匹配，才能创造出真正良好的内部环境。据说著名建筑师贝聿铭先生在踏勘香山饭店的基地时，就邀请室内设计师凯勒（D.Keller）先生一起对基地周围的地势、景色、邻近的原有建筑等进行仔细考察，商议设计中的香山饭店与周围自然环境、室内设计间的联系，这一实例充分反映出设计大师强烈的环境整体观。如图 11-2 所示为香山饭店。

对于室内设计来讲，当然首先与建筑物存在着很大的关系。室内空间的形状、大小、门窗开启方式、空间与空间之间的联系方式，乃至室内设计的风格等，都与建筑物存在着千丝万缕的联系。当然室内设计的质量也直接影响着建筑物的使用与品位，贝聿铭先生设计的埃弗逊美术馆就是一例。埃弗逊美术馆强调的是厚重、浑厚的风格，强调雕塑般的实体感，其内部空间突出的也是这种浑厚的效果，甚至展品也是如此。展出的绘画作品讲求黑白关系的对比，尺度巨大，用笔凝重；雕塑则追求厚实、浑圆的效果，总之，该美术馆的微观环境与中观环境已经达到了有机匹配、交相辉映的境界（图11-3）。

●图11-2　香山饭店

●图11-3　埃弗逊美术馆

其次，室内设计与其周围的自然景观也存在着很大的关系，设计师应该善于从中汲取灵感，以期创造富有特色的内部环境。

此外，就城市环境而言，其特有的文化氛围、城市文脉和风土人情等对室内环境亦有着潜移默化的影响。

总之，室内设计是环境系统中的一个组成部分，坚持从环境整体观出发有助于创造出富有整体感、富有特色的内部环境。

意大利著名登山家霍尔德·梅斯纳尔（Reinhold Messner）在意大利波尔扎诺的科隆普拉茨山顶上开设了一座全新的高山博物馆，该博物馆由著名英国建筑师扎哈·哈迪德（Zaha Hadid）设计。博物馆占地1000m²，包括一个斜坡连接的展览空间、数个临时展厅和一个小

●图11-4　Messner高山博物馆

礼堂。宽至240°视野的观景平台则建在山峰背面的岩面上，整个白云山区甚至阿尔卑斯山脉都可尽收眼底。

霍尔德·梅斯纳尔（Reunhold Messner）是第一位不使用氧气补给登顶珠峰的人。这是他开设的第六座（也是最后一座）Messner高山博物馆。博物馆内部是由一系列楼梯连接而成，这种设计使人们很容易联想到由山顶流下的瀑布美景。梅斯纳尔说："在我的博物馆里，我就是叙说故事的人，这不是一个艺术或者自然博物馆，这是一个叙述高山和登山人故事的博物馆。"如图11-4所示为Messner高山博物馆。

11.5　旧建筑的重塑新生

广义上我们可以认为：凡是使用过一段时间的建筑都可以称作旧建筑，其中既包括具有重大历史文化价值的古建筑、优秀的近现代建筑，也包括广泛存在的一般性建筑，如厂房、住宅等。其实，室内设计与旧建筑改造有着非常紧密的联系。从某种意义上可以说，正是由于大量旧建筑需要重新进行内部空间的改造和设计，才使室内设计成为一门相对独立的学科，才使室内设计师具有相对稳定的业务。一般情况下，室内设计的各种原则完全适用于旧建筑改造，这里则重点介绍当前具有历史文化价值的旧建筑和产业类旧建筑改造中的一些设计趋势。

建筑是文明的结晶、文化的载体，建筑常常通过各种各样的途径负载了这样那样的信息，人们可以从建筑中读到城市发展的历史。如果一个城市缺乏对不同时期旧建筑的保护意识，那么这个城市将成为缺乏历史感的场所，城市的魅力将大打折扣。那么如何保留城市记忆、保护旧建筑呢？对这个问题人们早有认识，解决这个问题的方法经历了从原物不动、展览品式保护到逐渐再开发再利用等几个阶段。

我们知道，建筑的意义在于使用。展览品式的保护尽管可以使建筑得到很好的保存，但活力却无从谈起，因此，除了对于顶级的、历史意义极其深刻的古迹或者其结构已经实在无法负担新的功能的历史建筑以外，对于大多数年代比较近的，尤其是大量性的建筑的保护应该优先考虑改造再利用的方式。在欧洲，大多数年代久远的教堂具有很高的历史价值，但对这些建筑的保护工作往往是与使用并行的，即在使用中保护，在保护中使用，因此这些建筑一直焕发着活力，成为城市中的亮点。

在对具有历史文化价值的旧建筑进行改造时，除了运用一般的室内设计原则与方法外，还应注意处理“新与旧”的关系，特别要注意体现“整旧如旧”的观念。“整旧如旧”是各种与建筑遗产保护相关的国际宪章普遍认可的原则，学者们普遍认为：尽管“整旧如旧”具有美学上的意义，但其本质目的不是使建筑遗产达到功能或美学上的完善，而是保护建筑遗产从诞生起的整个存在过程直到采取保护措施时为止所获得的全部信息，保护史料的原真性与可读性。修缮不等于保护，它可能是一种保护措施，也可能是一种破坏。只有严格保存文物建筑在存在过程中获得的一切有意义的特点，修缮才可能是保护。这些特点甚至可能包括地震造成的裂缝和滑坡造成的倾斜等消极的痕迹。因为有些特点的意义现在尚未被认识，而将来可能被逐渐认识，所以《威尼斯宪章》规定，保护文物建筑就是保护它的全部现状。修缮工作必须保持文物建筑的历史纯洁性，不可失真，为修缮和加固所加上去的东西都要能识别出来，不可乱真。并且严格设法展现建筑物的历史，换句话说，就是文物建筑的历史必须是清晰可读的。

产业建筑是另一类目前在我国越来越受到重视的旧建筑。由于我国很多城市20世纪都曾经历过以重工业为经济支柱的时期，因此产生了工业厂房比较集中的地区。这些厂房往往受当时国外工业建筑形式的影响比较大，采用了当时的新材料、新结构、新技术。但是，随着第三产业的发展和城市产业结构的转变，不少结构良好的厂房闲置下来，严重的甚至引起城市的区域性衰落。在这种情况下，进行废旧厂房的更新再利用很有可能成为区域重新焕发活力的契机。目前我国各大城市已经有不少成功的例子，例如废旧的厂房被改造成艺术家工作室、购物中心、餐馆、酒吧、社区中心或者室内运动场所等。厂房的特殊结构、特殊设备以及材料质感为人们提供了不同的感受，使人从中体会到工业文明的特色，相对高大的空间也给人以新奇感。改造之后建筑重新焕发生机，区域也随之繁荣起来，同时为社会提供了更多的就业机会，体现出旧建筑改造的社会价值。

11.6 尊重历史

在现代主义建筑运动盛行的时期，设计界曾经出现过一种否定传统、否定历史的思潮，这种思潮不承认过去的事物与现在会有某种联系，认为当代人可以脱离历史而随自己的意愿任意行事。随着时代的推移，人们已经认识到这种脱离历史、脱离现实生活的世界观是不成熟的，是有欠缺的。人们认识到：历史是不可割断的，我们只有研究事物的过去、了解它的发展过程、领会它的变化规律，才能更全面地了解它今天的状况，也才能有助于我们预见到事物的未来，否则就可能陷于凭空构想的境地。因此，在20世纪50～60年代，特别是在60年代之后，在设计界开始重视历史文脉，倡导在设计中尊重历史，尊重历史文脉使人类社会的发展具有历史延续性，这种趋势一直延续至今，始终受到人们的重视。

图11-5　香港中银大厦

尊重历史的设计思想要求设计师在设计时，尽量把时代感与历史文脉有机地结合起来，尽量通过现代技术手段而使古老传统重新活跃起来，力争把时代精神与历史文脉有机地融于一炉。这种设计思想无论在建筑设计还是在室内设计领域都得到了强烈的反映，在室内设计领域还往往表现得更为详尽。特别是在生活居住、旅游休息和文化娱乐等室内环境中，带有乡土风味、地方风格、民族特点的内部环境往往比较容易受到人们的欢迎，因此室内设计师亦比较注意突出各地方的历史文脉和各民族的传统特色，这样的例子可谓不胜枚举。贝聿铭设计的香港中银大厦，外形像竹子的“节节高升”，象征着力量、生机、茁壮和锐意进取的精神；基座的麻石外墙代表长城，代表中国。楼高70层的中银大厦以一种挺拔俊逸的态势直指蓝天，成为当今香港的象征（图11-5）。

11.7 极少主义

近年来，我国设计界流行极少主义的设计思潮。按照鲍森（John Pawson）的解释“极少主义被定义为：当一件作品的内容被减少至最低限度时她所散发出来的完美感觉，当物体的所有组成部分、所有细节以及所有的连接都被减少或压缩至精华时，它就会拥有这种特性。这就是去掉非本质元素的结果。”

极少主义的思想其实可以追溯到很远，现代主义建筑大师密斯就曾提出“少就是多”的理论，主张形式简单、高度功能化与理性化的设计理念，反对装饰化的设计风格，这种设计风格曾风靡一时，其作品至今依然散发着无限魅力。时至今日，“少就是多”的思想得到了进一步的发展，有人甚至提出了“极少就是极多”的观点，在这些人看来纯粹、光亮、静默和圣洁是艺术品应该具备的特征。

极少主义者追求纯粹的艺术体验，以理性甚至冷漠的姿态来对抗浮躁、夸张的社会思潮。他们给予观众的是淡泊、明净、强烈的工业色彩以及静止之物的冥想气质。极少主义思想在建筑设计中有明显的体现，这类设计往往将建筑简化至其最基本的成分，如空间、光线及造型，去掉多余的装饰。这类建筑往往使用高精密度的光洁材料和干净利落的线条，与场地和环境形成强烈的对比。

在室内设计领域，“极少主义”提倡摒弃粗放奢华的修饰和琐碎的功能，强调以简洁通畅来疏导世俗生活，其简约自然的风格让人们耳目一新。他们致力于摈弃琐碎、去繁从简，通过强调建筑最本质元素的活力，而获得简洁明快的空间。极少主义室内设计的最重要特征就是高度理性化，其家具配置、空间布置都很有分寸，从不过量，习惯通过硬朗、冷峻的直线条，光洁而通透的地板及墙面，利落而不失趣味的设计装饰细节，表达简洁、明快的设计风格，十分符合快节奏的现代都市生活。极少主义在材料上的“减少”，在某种程度上能使人的心情更加放松，创造一种安宁、平静的生活空间。

案例

北京 MUJI HOTEL 无印良品酒店空间设计

酒店以“反豪华，反简陋”为理念，酒店的墙面全部由竹子制成的材料包裹，同时还点缀以周边旧城改造时余下的石墨色板砖。共6种房型42间客房，但整个空间都流露出“MUJI式”的朴素、天然质感，同时省去了一些繁琐的装饰（图11-6）。

●图11-6 北京MUJI HOTEL无印良品酒店空间设计

11.8 新技术的应用

自进入机器大生产时代以来，设计师就一直试图把最新的工业技术应用到建筑中去，萨伏伊别墅和巴塞罗那博览会的德国馆等都是当时运用新技术的佳例（图11-7、图11-8）。

20世纪50年代以后，西方各国的科学技术得到了新的发展，技术的进步更加明显地影响到整个社会的发展，同时还强烈地影响了人们的思想，人们更加认识到技术的力量和作用。因此，如何在设计中运用最新的技术一直是不少设计师探索的话题。在室内设计领域，设计师们热心于运用能创造良好物理环境的最新设备；试图以各种方法探讨室内设计与人类工效学、视觉照明学、环境心理学等学科的关系；反复尝试新材料、新工艺的运用；在设计表达等方面也早已开始运用各种最新的计算机技术。总之，新技术正在对室内设计产生着各种各样的影响，其中最容易引人注目的是新材料、新结构、新设备和新工艺在室内设计中的表现力，巴黎的蓬皮杜中心堪称这种倾向的佳例。蓬皮杜国家艺术与文化中心建成于1976年，其最大特点就在于充分展示了现代技术本身所具有的表现力。大楼暴露了结构，而且连设备也全部暴露了。在东立面上挂满了各种颜色的管道，红色的代表交通设备，绿色的代表供水系统，蓝色的代表空调系统，黄色的代表供电系统。面向广场的西立面上则蜿蜒着一条由底层而上的自动扶梯和几条水平向的多层外走廊。蓬皮杜国家艺术与文化中心的结构采用了钢结构，由钢管柱和钢桁架梁所组成。桁架梁和柱的相接亦采用了特殊的套管，然后再用销钉销住，目的是使各层楼板有升降的可能性。至于各层的门窗，由于不承重而具有很好的可变性，加之电梯、楼梯与设备均在外面，更充分保证了使用的灵活性，达到平面、立面、剖面均能变化的目的（图11-9）。

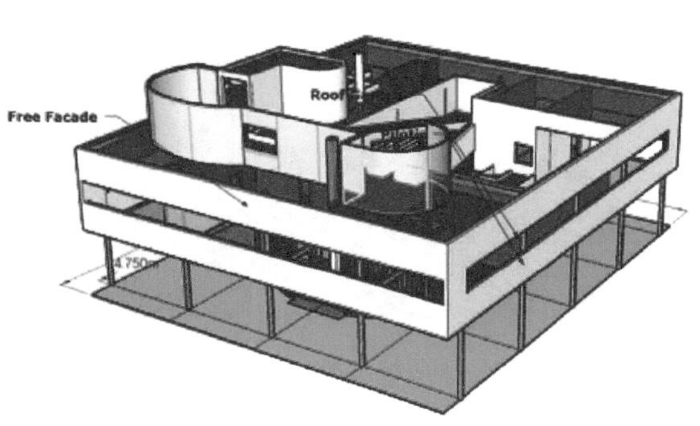

●图 11-7　萨伏伊别墅

●图 11-8　巴塞罗那博览会德国馆

随着生态观念日益深入人心，当前的高技术运用又表现出与生态设计理念相结合的趋势，出现了诸如双层立面、太阳能技术、地热利用、智能化通风控制等一系列新技术，设计师试图利用新技术来解决生态问题，追求人与自然的和谐。其中德国柏林国会大厦改造工程就是一例。德国柏林国会大厦改造在立面上主要表现为建造了一个玻璃穹顶。这一穹顶内采用了诸多新技术，达到了生态环保的要求。首先玻璃穹顶内有一个倒锥体，锥体上布置了各种角度的镜子，这些镜子可以将水平光线反射到建筑内部，为下面的议会大厅提供自然光线，减少议会大厅使用人工照明的能耗。其次，在玻璃穹顶内设有一个随日照方向调整方位的遮光板，遮光板在电脑的控制下，沿着导轨缓缓移动，以防止过度的热辐射和镜面产生眩光，这些都只有在现代计算机技术的基础上才能付诸实践。

●图11-9　蓬皮杜国家艺术与文化中心

●图11-10　德国柏林国会大厦改造工程

此外，玻璃穹顶内的锥体还发挥了拔气罩的功能。柏林国会大厦的气流组织也设计得很巧妙，议会大厅通风系统的进风口设在西门廊的檐部，新鲜空气进入后经议会大厅地板下的风道及设在座位下的风口低速而均匀地散发到大厅内，然后再从穹顶内锥体的中空部分排出室外，气流组织非常合理（图11-10）。

总之，现代技术的运用不但可以使室内环境在空间形象、环境气氛等方面有新的创举，给人以全新的感受，而且可以达到节约能源、节约资源的目标，是当代室内设计中的一种重要趋向，值得引起我们的高度重视。

11.9　交互设计

交互设计是一种超越技术性，能够以使用者的需求和使用经验为中心去考量的大智慧，其终极目的，在于创造出科技与人类之间的完美连接。

交互设计所牵连的范围很广，界面设计、软件设计、人因工程、人机互动、信息工程，等等，都需要用到与交互设计相关的专业知识。因此在美国，工业设计公司、网络设计公司、软件设计公司、媒体设计公司、数字广告公司等，在近几年来都纷纷成立交互设计部门，因为科技与人类的互动与结合，已经成为一个必然的趋势。以被选为21世纪最具代表性数字广告公司的R/GA为例，每一个广告案件，都会由交互设计师、视觉设计师和程序设计组成团队共同负责，因为他们相信如此打造出来的创意，才会人性、美感和技术兼备，就像是完成一栋好房子，需要建筑师、室内设计和工程师的通力合作一样（图11-11）。

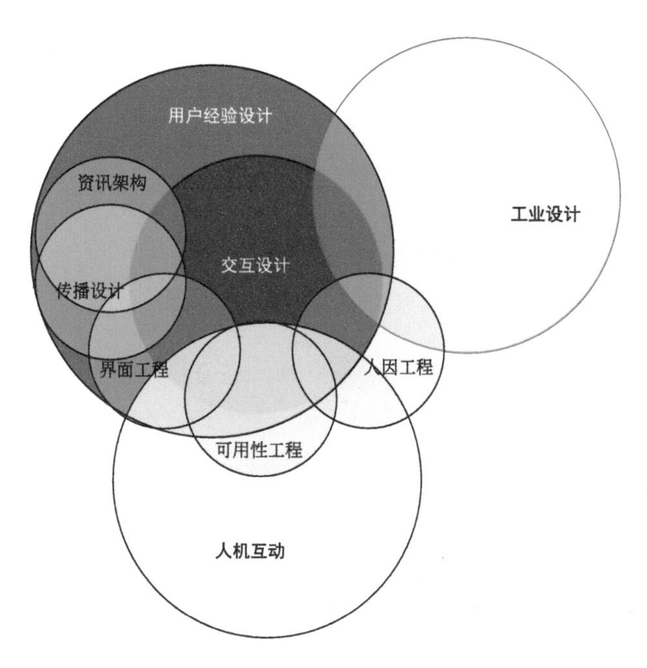

●图11-11　丹·赛弗（Dan Saffer）的交互设计及其他相关领域关系

越来越多的设计师将交互技术与室内设计与建筑设计相结合，打造出极佳的体验环境。

参考文献

[1] 来增祥，陆震纬.室内设计原理（第2版）.北京：中国建筑工业出版社，2007.

[2] 朱淳，王纯，王一先.家居室内设计.北京：化学工业出版社，2014.

[3] [日]加藤惠美子.世界室内设计.牛冰心，李娇，任健，覃林毅译.北京：中国青年出版社，2015.

[4] 程瑞香.室内与家具设计人体工程学.北京：化学工业出版社，2016.